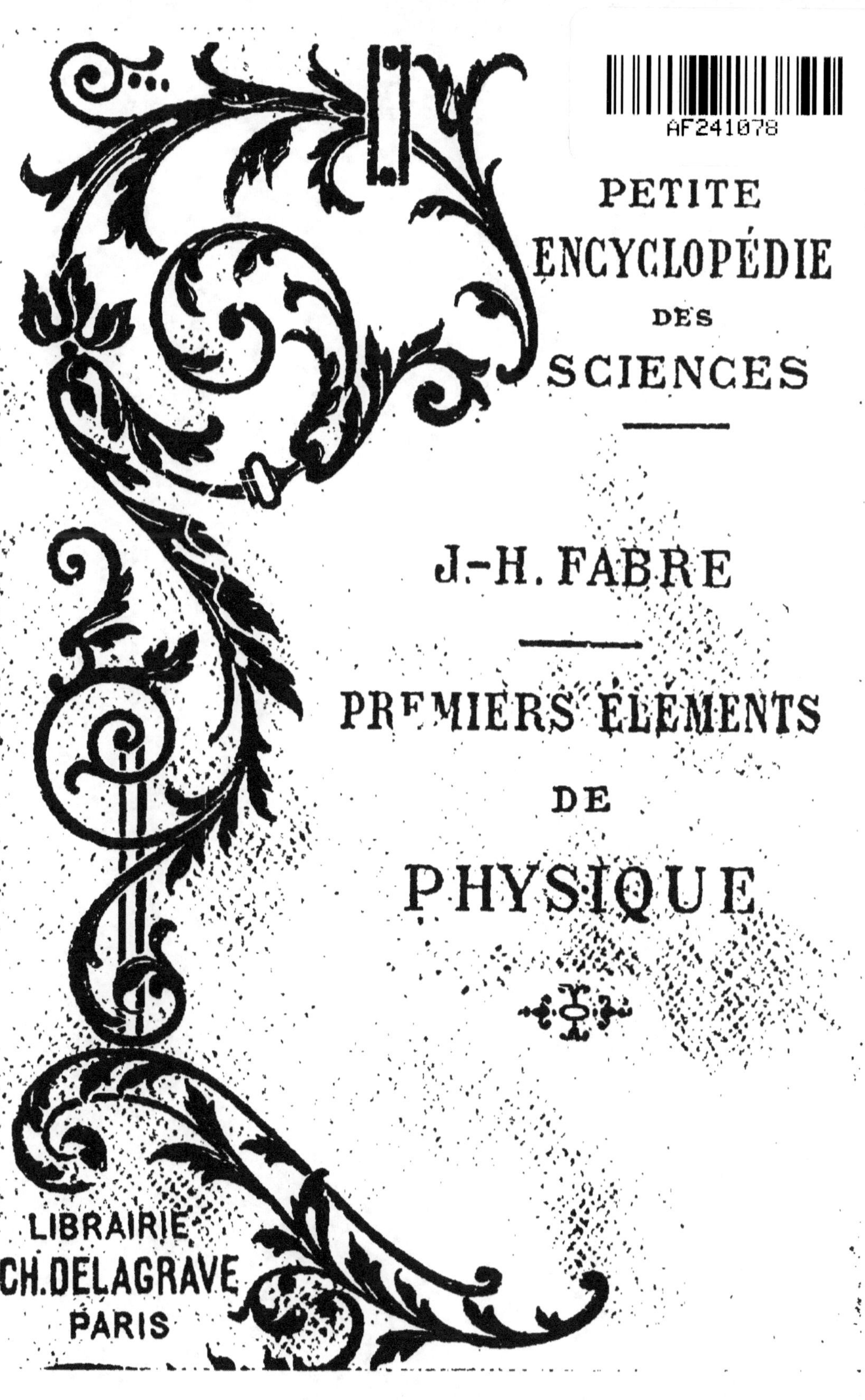

J.-H. FABRE

PREMIERS ÉLÉMENTS DE PHYSIQUE

LIBRAIRIE
CH. DELAGRAVE
PARIS

PREMIERS ÉLÉMENTS
DE PHYSIQUE

SOCIÉTÉ ANONYME D'IMPRIMERIE DE VILLEFRANCHE-DE-ROUERGUE
Jules BARDOUX, Directeur.

PREMIERS ÉLÉMENTS
DE PHYSIQUE

SIMPLES NOTIONS
A L'USAGE DES ÉCOLES PRIMAIRES

PAR

J.-H. FABRE

ANCIEN INSTITUTEUR PRIMAIRE
MEMBRE CORRESPONDANT DE L'INSTITUT
(Académie des Sciences).

PARIS

LIBRAIRIE CH. DELAGRAVE
15 RUE SOUFFLOT, 15

—

1890

PHYSIQUE

CHAPITRE PREMIER

PROPRIÉTÉS GÉNÉRALES DE LA MATIÈRE

1. Objet de la physique. — La pesanteur, la chaleur, l'électricité, la lumière, le son, tels sont les principaux sujets dont s'occupe la *physique*.

2. Divers états de la matière. — On nomme *corps* tout ce qui frappe nos sens : tout ce qui peut se palper, se voir, s'entendre, se goûter, se flairer. Les corps sont composés de *matière*. Sans aucun changement de la nature de sa matière, un même corps peut affecter trois états différents, savoir : *l'état solide*, *l'état liquide* et *l'état gazeux*.

Un corps est solide lorsqu'il présente au toucher une résistance qui permet de le saisir, de le manier. Tels sont le bois, la pierre, le fer, le charbon. Les corps liquides ne peuvent être ni saisis ni pressés entre les doigts; ils coulent. L'eau, le vin, l'huile, sont des corps liquides. Les corps gazeux sont comparables à l'air pour la subtilité, et fréquemment pour l'invisibilité. L'air, la vapeur, sont des corps gazeux.

La chaleur, d'une part en plus, d'autre part en moins, amène le changement d'état. La glace est solide; chauffée, elle se fond et devient de l'eau, corps liquide; l'eau, chauffée à son tour, devient de la vapeur, corps gazeux. Inversement, la vapeur refroidie se change en eau, et l'eau refroidie devient de la glace. Pareils changements ont lieu pour tous les corps.

3. Propriétés générales. — La matière possède certaines propriétés communes à tous les corps, et qu'on nomme pour ce motif propriétés générales. Ce sont : *l'étendue, l'impénétrabilité,* la *divi-*

sibilité, la *porosité*, la *compressibilité*, l'*élasticité*, la *mobilité*, l'*inertie*.

4. Étendue. Impénétrabilité. — L'*étendue* est la propriété d'occuper une certaine portion de l'espace. Le *volume* d'un corps est la portion de l'espace qu'il occupe.

L'*impénétrabilité* d'un corps est sa propriété d'exclure tout autre corps de l'espace qu'il occupe. Deux particules matérielles, si petites qu'elles soient, ne peuvent occuper à la fois le même lieu.

5. Divisibilité. — C'est la propriété des corps de pouvoir être divisés en un nombre plus ou moins grand de parties. — Par le battage, l'or peut être réduit en feuilles dont il faudrait superposer quelques milliers pour faire l'épaisseur d'un millimètre. — Nous pouvons réduire le métal appelé platine en fil tellement fin, qu'une pelote de ce fil de la grosseur d'une moyenne pomme pourrait faire le tour de la terre, c'est-à-dire mesurerait quarante millions de mètres. — Le fil si fin de l'araignée se compose cependant d'un millier de fils assemblés. Pour faire dix mille mètres de ces fils élémentaires, l'araignée dépense une insignifiante gouttelette de son liquide à soie. — Examiné au microscope, le sang montre, dans un liquide jaunâtre, un nombre immense de corpuscules rouges, appelés *globules du sang*. Dans un millimètre cube, volume à peu près d'une tête d'épingle, il y a place pour deux millions de ces globules — Il existe cependant des animalcules, avec leurs organes et leurs humeurs, dont le volume est moindre que celui d'un globule du sang.

6. Compressibilité. — Tout corps est plus ou moins *compressible*, c'est-à-dire diminue de volume s'il est soumis à un effort suffisant. Cette propriété établit que les particules extrêmement petites dont les corps se composent laissent entre elles des intervalles vides, intervalles que la compression fait occuper par les particules voisines; de là diminution du volume.

7. Élasticité. — Quand la pression

cesse, le corps comprimé revient à son volume primitif, à moins qu'il n'ait été déformé d'une manière permanente, écrasé, brisé, par un effort trop violent. Cette propriété de reprendre le volume primitif se nomme *élasticité*. Les corps les plus compressibles et les plus élastiques sont les corps gazeux. Un ballon en caoutchouc plein d'air ou d'une substance gazeuse quelconque se déforme sous les doigts comme l'on veut, et reprend immédiatement sa forme ronde, par l'élasticité du contenu, aussitôt que les doigts cessent de presser.

8. Porosité. — Les particules dont un corps se compose laissent entre elles des intervalles vides, comme le prouve la compressibilité. Ces intervalles vides se nomment *pores*, et la propriété générale de la matière de posséder des pores se nomme *porosité*. Une sphère d'or creuse et remplie d'eau laisse suinter le liquide à travers ses pores quand elle est soumise à une violente pression. Il en est de même des autres métaux.

1.

9. Mobilité. Inertie. — La mobilité de la matière est sa propriété de pouvoir être mise en mouvement. Mais d'elle-même elle ne quitte dans aucun cas le repos pour se mouvoir; il faut qu'une cause quelconque, cause extérieure à la matière, la fasse passer du repos au mouvement; c'est ce que nous enseigne l'expérience de chaque jour. D'autre part, une fois sorti du repos, un corps persiste dans son mouvement, sans pouvoir de lui-même le modifier ni dans sa vitesse ni dans sa direction. Cette propriété de la matière de ne pouvoir agir sur elle-même pour modifier son état de repos ou de mouvement se nomme *inertie*.

QUESTIONNAIRE

1. Quels sont les principaux sujets dont s'occupe la physique ?

2. Quels sont les trois états de la matière ? — Comment d'un état la matière passe-t-elle à un autre ?

3. Quelles sont les propriétés générales de la matière ?

4. Qu'entend-on par étendue et par impénétrabilité ?

5. Qu'est-ce que la divisibilité? — Donnez des
exemples de cette propriété.

6. En quoi consiste la compressibilité? — Que
prouve cette propriété?

7. Que faut-il entendre par élasticité? — Quels
sont les corps les plus élastiques ?

8. Qu'appelle-t-on pores et porosité? — Citez
un exemple.

9. Qu'est-ce que la mobilité? — Qu'entendez-
vous par inertie?

LA PESANTEUR

CHAPITRE II

CHUTE DES CORPS. — PENDULE. — POIDS.

1. Tous les corps sont pesants. — Soulevé à une certaine hauteur, puis abandonné à lui-même, tout corps *tombe*, c'est-à-dire revient à terre. Quelques-uns cependant, comme la fumée, les nuages, les aérostats, au lieu de se précipiter vers le sol, s'élèvent et restent suspendus à des hauteurs plus ou moins grandes. Ces corps s'élèvent parce que, dans leur ensemble, ils sont plus légers que l'air; ils montent dans l'atmosphère comme monterait du fond de l'eau un morceau de bois abandonné à lui-même. Mais si l'atmosphère, ou la couche d'air qui nous enveloppe, n'existait pas, tout, absolument tout, tomberait comme tombe le plomb. C'est ce qu'on énonce en disant que tous les corps sont pesants.

La cause de la chute des corps se nomme *pesanteur*. Elle est due à l'*attraction* que le globe terrestre exerce sur toute matière, en si petite quantité qu'elle soit.

2. Fil à plomb. Verticale. — A l'extrémité d'un fil suspendons un poids quelconque, une *balle,* et nous aurons ce qu'on nomme un *fil à plomb*. Prenons du bout des doigts l'extrémité libre du fil et abandonnons la balle à elle-même. Quand celle-ci sera immobile, le fil tendu indiquera la direction suivant laquelle la balle tomberait si elle n'était pas retenue. La direction du fil à plomb se nomme *verticale*. Elle est perpendiculaire à la surface des eaux tranquilles. Enfin cette surface des eaux dormantes est dite *surface horizontale,* et toute droite tracée sur pareille surface prend elle-même le nom de ligne *horizontale.* La verticale et l'horizontale sont perpendiculaires l'une à l'autre.

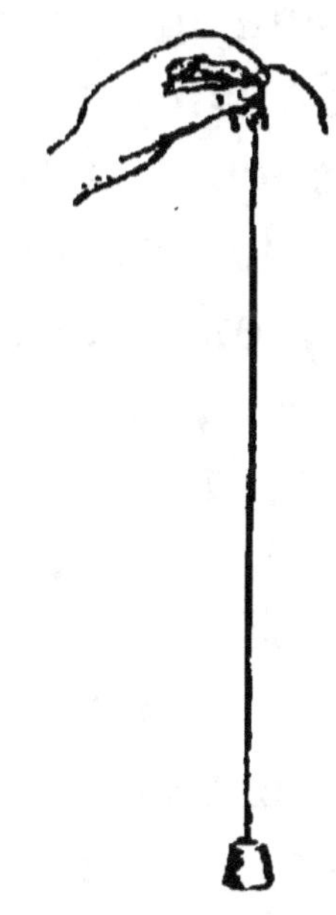

Fig. 1. — Fil à plomb.

3. Tous les corps tombent avec la même vitesse. — En l'absence de l'air, qui oppose à la chute des résistances plus fortes ou plus faibles suivant l'étendue des surfaces et le poids, tous les corps, plomb et duvet, pierre et morceau de papier, lâchés à la fois de la même hauteur, descendraient avec la même rapidité et arriveraient à la fois à terre.

Ayons recours à l'expérience suivante, qui ne demande aucun appareil spécial. Prenons une pièce de cinq francs en argent, et découpons avec des ciseaux une rondelle de papier du même diamètre que la pièce. Appliquons cette rondelle sur le disque de métal; puis, tenant le tout entre deux doigts, laissons-le, d'une fenêtre, tomber à plat, la rondelle en dessus, la pièce en bas. Le métal et le papier arrivent à terre parfaitement ensemble, ce qu'ils ne feraient pas, à cause de l'inégale résistance de l'air, s'ils étaient lâchés isolément. Le métal, passant le premier, ouvre un passage à travers l'air, et le papier, qui suit immédiatement, n'ayant plus de résistance à vaincre, tombe aussi vite que le disque métallique.

4. Pendule. — Suspendu à un point fixe, puis dérangé de sa position verticale et abandonné à lui-même, un fil à plomb exécute, sous l'action de la pesanteur, une suite indéfinie d'*oscillations* ou mouvements de va-et-vient. Ces oscillations sont *isochrones,* c'est-à-dire qu'elles ont toutes la même durée. L'instrument

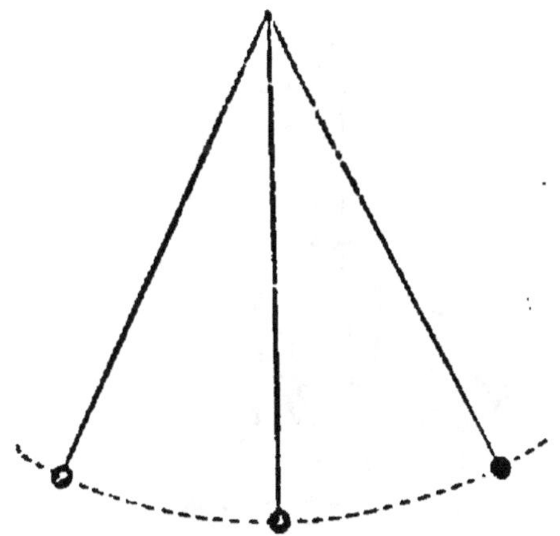

Fig. 2. — Pendule.

soumis à pareil mouvement prend le nom de *pendule.*

5. Balancier des horloges. — Pour être apte à mesurer le temps, l'aiguille d'une horloge doit parcourir sur son cadran des arcs égaux en des temps égaux; elle doit se mouvoir d'un mouvement toujours le même. Mais le moteur du mécanisme, formé d'un poids qui tombe ou d'un ressort qui se détend, ne possède pas lui-même cette uniformité de vitesse. Dans sa chute, le poids qui fait mouvoir

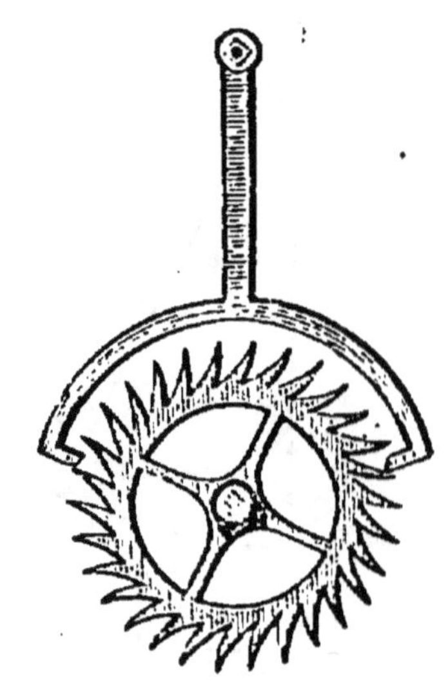

Fig. 3. — Échappement des horloges.

les rouages doit acquérir une vitesse croissante, si rien n'y fait obstacle; le ressort, au contraire, à mesure qu'il se détend davantage, possède une moindre énergie. Ni dans l'un ni dans l'autre cas, à moins d'une disposition spéciale, les rouages de l'appareil, et par suite les aiguilles qu'ils commandent, ne peuvent avoir la régularité de marche nécessaire. Il faut donc un régulateur qui maintienne l'uniformité de marche du mécanisme, malgré l'action variable du moteur. Ce régulateur est un pendule, autrement dit un *balancier*, avec ses oscillations toujours égales en durée. Au moyen d'un petit appareil dit *échappement*, ce pendule laisse passer, laisse échapper une à une, par fractions de temps égales, les dents d'une roue qui communique au reste du mécanisme la régularité de marche du balancier.

6. Poids. Balance. — Chaque particule d'un corps est attirée par le globe terrestre. La somme de ces attractions élémentaires se nomme le *poids* du corps. Il ne faut pas confondre le poids avec la pesanteur. La pesanteur est la cause, et le poids est l'effet.

L'unité de poids dans les usages ordinaires est le *kilogramme*, qui vaut le poids d'un litre d'eau pure.

Pour évaluer le poids, l'instrument le plus usité est la *balance*. Une balance se compose d'une tige d'acier appelée *fléau*,

Fig. 4. — Balance.

traversée en son milieu et perpendiculairement à sa longueur d'un axe ou support taillé en fine arête à son extrémité inférieure et nommé *couteau*. Le couteau repose par son arête sur un appui d'*acier*, ou de toute autre matière fort dure, placé à l'extrémité supérieure du pied de la balance. Le fléau est divisé par le couteau en deux parties d'égal poids et d'égale longueur, appelées *bras de levier* de la balance. A chaque extrémité du fléau est appendu un *plateau,* ou *bassin,* de poids pareil. Enfin le pied porte un petit arc divisé de droite à gauche en parties égales; devant cet arc se meut une aiguille surmontant le fléau. Si les deux plateaux sont chargés l'un d'un poids, l'autre d'un corps, il y a parité lorsque l'aiguille se maintient, après quelques oscillations, en face du zéro de l'arc gradué. Si cette aiguille penche d'un côté, l'objet correspondant pèse plus que l'autre.

QUESTIONNAIRE

1. Tous les corps tombent-ils? — Pourquoi les nuages, les aérostats, s'élèvent-ils dans les airs au lieu de tomber? — Qu'appelle-ton pesanteur? — Quelle est la cause de la pesanteur?

2. Quelle direction suivent les corps en tombant? — Que nomme-t-on fil à plomb, verticale, horizontale?

3. Comment prouve-t-on que tous les corps tombent avec la même rapidité? — Pourquoi, dans l'air, les corps tombent-ils avec des rapidités inégales?

4. Qu'est-ce qu'un pendule? — Que présentent de remarquable les oscillations d'un pendule?

5. Quel est le rôle des balanciers des horloges?

6. Définissez le poids. — Quelle est l'unité de poids? — Décrivez la structure d'une balance.

CHAPITRE III

1. Transmission des pressions par des liquides. — Imaginons un vase plein d'eau et percé de deux orifices, dont l'un A est plus grand que l'autre B, cent fois par exemple (fig. 5). Chacun de ces orifices est muni d'un piston. Si l'on charge le piston B du poids de 1 kilogramme, la pression se transmettra proportionnellement à la surface, et pour empêcher le piston A de remonter il faudra le charger d'un poids de 100 kilogrammes.

2. Presse hydraulique. — C'est sur ce principe qu'est basée la *presse hydraulique*, composée de deux cylindres pleins d'eau, l'un grand, l'autre petit, et communiquant entre eux. Si l'on exerce une poussée sur le piston du petit cylindre, cette poussée fait remonter le piston du grand avec une puissance d'autant plus considérable que la surface du second piston est plus étendue par rapport à celle du premier. Entre deux plateaux dont le

Fig. 5.

supérieur est inébranlablement fixé et dont l'inférieur surmonte le piston du grand cylindre, se placent les objets que l'on veut soumettre à la pression.

On se sert de la presse hydraulique pour comprimer les cartons et le papier fraîchement préparés et leur faire rendre l'eau dont ils sont imprégnés; pour extraire le jus sucré des betteraves, l'huile des olives; pour séparer les ma-

tières huileuses, désagréablement odo-
rantes, de la matière blanche et inodore
dont on fait les bougies; pour réduire en
un petit volume les matières encombran-

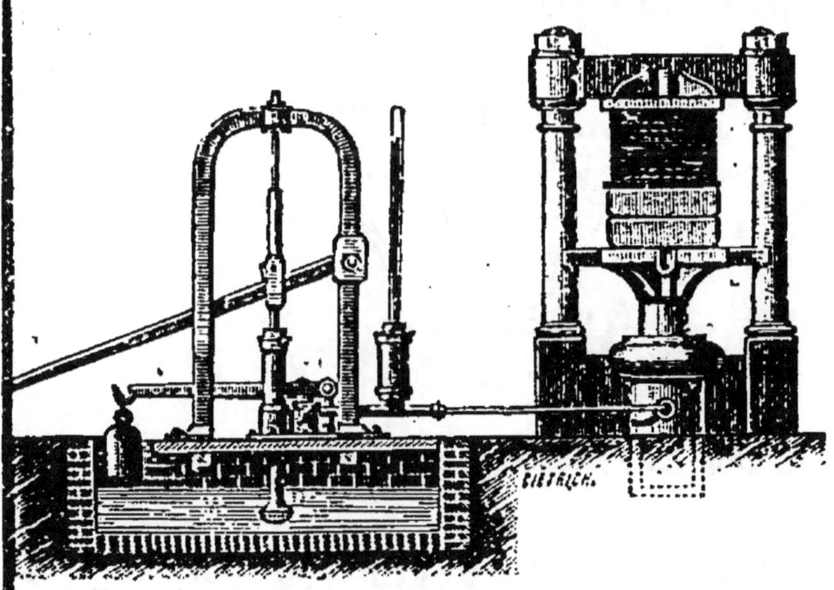

Fig. 6. — Presse hydraulique.

tes, comme le foin, et en rendre ainsi le
transport plus facile, etc., etc. La puissance de la presse hydraulique est merveilleuse. Sans effort, en poussant sim-
pliment de la main, à l'aide d'un levier,
un homme, dans certaines opérations,

exerce, à l'aide de cette machine, une pression d'un million de kilogrammes.

3. Vases communiquants. —   Soit un vase A rempli d'eau. Il est muni d'un canal B sur lequel on peut visser tour à tour divers tubes D, D′, D″, de telle forme

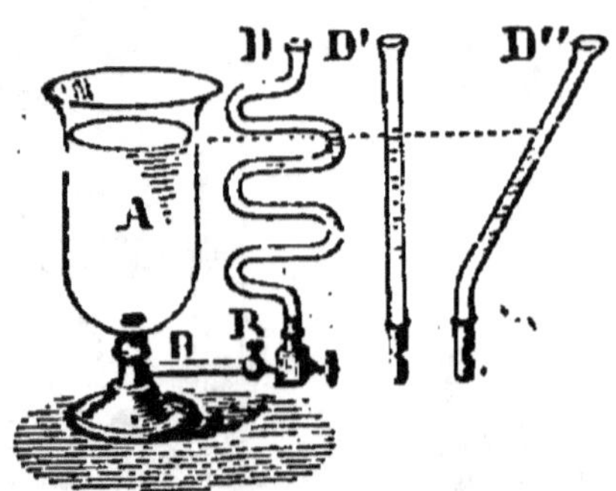

Fig. 7. — Vases communiquants.

et de telle capacité que l'on veut. Un robinet R ferme d'abord le canal B, et interrompt la communication. Si l'on ouvre ce robinet, aussitôt l'eau du vase pénètre dans le tube et s'y élève précisément jusqu'au niveau du liquide dans le vase luimême, et cela quel que soit le tube, qu'il soit droit ou sinueux, vertical ou penché. Donc, lorsque plusieurs cavités de forme quelconque communiquent entre elles, si l'une se remplit de liquide, les autres s'en remplissent aussi, et le liquide arrive dans tous exactement à la même horizontale, ou, en d'autres termes, au même niveau.

4. Fontaines. Jets d'eau. — Pour alimenter d'eau une ville, on établit un réservoir en un point élevé dominant les divers quartiers. Des canaux souterrains font communiquer ce réservoir avec les fontaines publiques ainsi qu'avec les fontaines privées établies dans les habitations, parfois jusqu'aux étages supérieurs. L'eau arrive à ces fontaines et s'écoule, à la condition expresse que l'orifice d'écoulement soit moins élevé que le niveau du réservoir.

Si l'orifice d'écoulement est dirigé en haut, toujours à un niveau plus bas que celui du réservoir, l'eau s'élance par cet orifice en un jet qui monte jusqu'au niveau de son point de départ. Ce filet jaillissant est un *jet d'eau*.

5. Puits ordinaires et puits artésiens. — Pour atteindre les couches de

terrain imbibées par les cours d'eau du
voisinage, il suffit souvent de creuser le sol
à une médiocre profondeur. On pratique
alors des puits ordinaires, qui s'emplissent

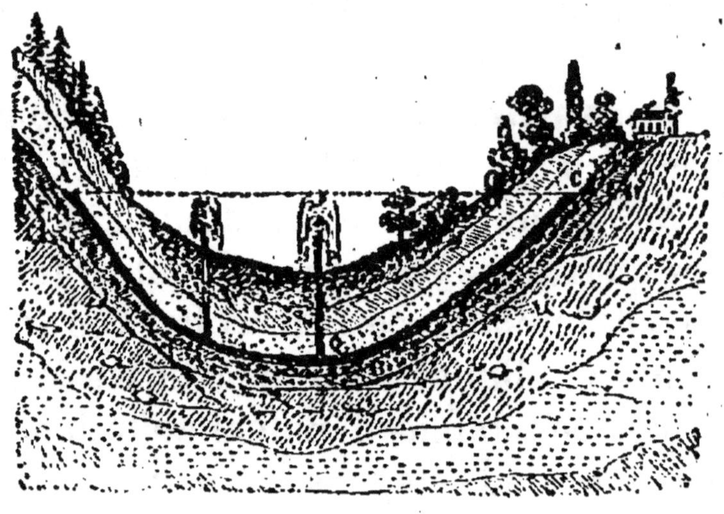

Fig. 8. — Puits artésiens.

jusqu'au niveau du fleuve, de la rivière,
du lac, etc., dont les infiltrations les ali-
mentent. Si le niveau des eaux s'élève ou
s'abaisse dans le fleuve, il s'élève ou s'a-
baisse en même proportion dans les puits
tributaires.

Si les couches imbibées sont profondes,
on pratique un *puits artésien*, c'est-à-dire

qu'à l'aide de barres de fer, ajustées bout à bout à mesure qu'il en est besoin, on creuse un trou cylindrique d'environ deux décimètres de largeur, à travers les diverses assises du sol, gravier, argiles, marnes, calcaire, jusqu'à ce que l'on atteigne la nappe liquide, située parfois à plusieurs centaines de mètres de profondeur. Par ces orifices, l'eau souterraine monte pour reprendre le niveau de son lieu d'origine, quelque cours d'eau voisin; elle jaillit même en une colonne si l'orifice du puits est situé plus bas que le cours d'eau d'où elle provient.

QUESTIONNAIRE

1. En quoi consiste la transmission des pressions par les liquides ?

2. Comment est disposée une presse hydraulique ? — Quels sont ses usages ? — Donnez une idée de sa puissance.

3. Dites le principe des vases communiquants.

4. Comment s'établissent les fontaines dans les villes ? — De quelle manière s'obtient un jet d'eau ?

5. Comment les puits ordinaires s'emplissent-ils d'eau ? — Qu'est-ce qu'un puits artésien ?

CHAPITRE IV

1. Poussée des liquides sur les corps immergés. — Un corps plongé dans l'eau — et ce que nous disons de l'eau doit se répéter de tout autre liquide — est pressé de toutes parts par le liquide environnant, qui, en vertu de sa fluidité, tend à reprendre la place occupée par ce corps. De l'ensemble de ces pressions résulte une poussée de bas en haut dont l'effet serait de chasser le corps hors du liquide si un poids trop fort ne s'y opposait. Un savant géomètre de l'antiquité, Archimède, détermina le premier la valeur de cette poussée exercée de bas en haut par les liquides sur les corps immergés.

2. Démonstration expérimentale du principe d'Archimède. — On emploie deux cylindres métalliques, l'un A

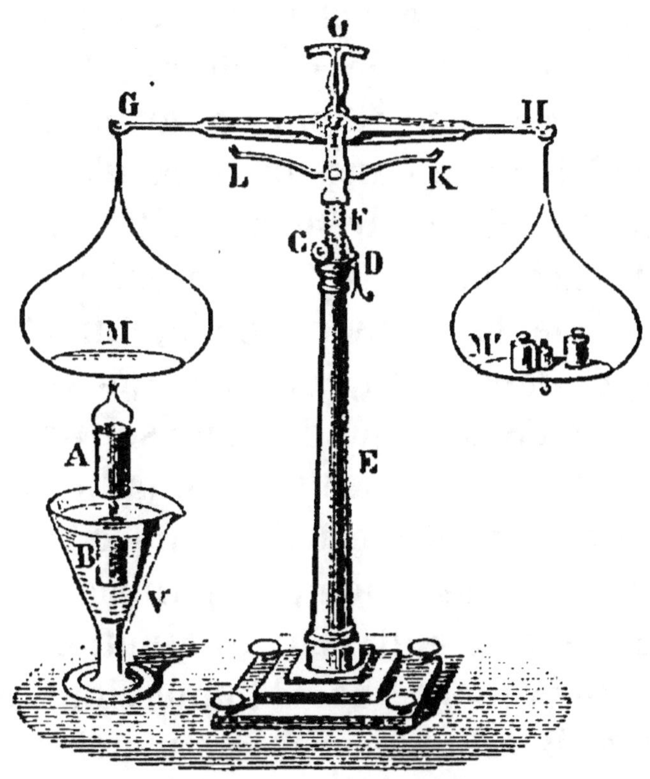

Fig. 9. — Principe d'Archimède.

creux, l'autre B plein. La capacité du premier est égale au volume du second, c'est-à-dire que celui-ci remplit exactement l'autre quand ils sont emboîtés. On suspend, à l'aide d'un crochet, le cylindre plein au-dessous du cylindre creux, et le tout est suspendu sous le plateau d'une balance. Dans l'autre plateau, on fait équilibre avec des poids, ou mieux avec de la grenaille de plomb. Quand l'équilibre est bien établi, on fait plonger le cylindre plein dans un verre d'eau V. Aussitôt la balance trébuche, elle penche du côté des poids M'. Ce premier fait prouve que le cylindre plein, une fois immergé dans l'eau, éprouve une poussée de bas en haut qui diminue son poids.

Reste à trouver cette diminution de poids. On remplit d'eau le cylindre creux A; et quand il est plein, l'équilibre de la balance est rétabli. La diminution de poids provenant de l'immersion du cylindre B est donc égale au poids de l'eau versée dans le cylindre creux. Comme ce cylindre creux a une capacité égale au volume du cylindre plein, on voit que celui-ci, par le fait de son immersion dans l'eau, est allégé d'une quantité égale au poids de son volume d'eau; ou, en d'autres termes, éprouve une poussée de bas en haut égale au poids de l'eau dont il occupe la place.

Un résultat semblable se reproduirait avec un liquide quelconque : un corps immergé serait allégé, tantôt plus, tantôt moins, suivant la nature du liquide. Il faut donc généraliser et dire : *Un corps plongé dans un liquide éprouve une poussée de bas en haut égale au poids du liquide dont il occupe la place*, ou, plus brièvement, *qu'il déplace*.

L'effet de cette poussée étant d'alléger le corps, on dit aussi : *Un corps plongé dans un liquide perd une partie de son poids égale au poids du liquide qu'il déplace*. Tel est l'énoncé du principe d'Archimède.

3. Facilité avec laquelle on soulève de lourds fardeaux dans l'eau. — Supposons un bloc de pierre ayant un volume de 25 décimètres cubes. Son poids en dehors de l'eau serait de 50 kilogrammes environ, poids un peu lourd pour nos forces. Si ce bloc est plongé dans l'eau, il faut de ces 50 kilogrammes retrancher la poussée du liquide, c'est-à-dire le poids d'un égal volume d'eau, ou bien 25 kilogrammes. La différence est la mesure de l'effort à faire pour soulever la pierre dans l'eau. Par le fait de l'immersion, la pierre se trouve allégée de la moitié de son poids.

Lorsqu'on tire l'eau d'un puits, le seau, tant qu'il est immergé, obéit à la corde sans difficulté. De son poids il faut retrancher le poids de l'eau déplacée, et la différence est à peu près zéro. Mais dès qu'ils n'est plus plongé, il pèse de tout son poids sur la corde, et c'est alors que la difficulté commence.

4. Corps flottants. — Un corps plongé dans un liquide tend, d'une part, à tomber au fond à cause de son poids, et, d'autre part, à remonter à la surface à cause de la poussée du liquide. Le corps descend au fond si la poussée est moindre que le poids; il remonte et flotte à la surface si la poussée est plus forte que le poids; il se maintient au sein du liquide sans monter ni descendre si la poussée et le poids ont même valeur.

Une poutre et un vaisseau flottent, parce qu'ils déplacent un grand volume d'eau, dont la poussée contre-balance leur poids ; une aiguille et un grain de sable tombent au fond, parce qu'ils ne déplacent qu'un très petit volume d'eau, dont la poussée est inférieure à leur poids. Le fer cependant et toutes les matières, si lourdes qu'elles soient, peuvent flotter; il suffit de les façonner de telle manière qu'elles déplacent un grand volume d'eau sans acquérir un poids trop fort. La plupart des navires se construisent aujourd'hui avec d'épaisses plaques de fer.

Un corps flottant plonge dans le liquide d'une quantité telle que *le poids du liquide déplacé est égal au poids total du corps flottant lui-même.* Le poids d'une barque, par exemple, réuni à celui des personnes qu'elle porte, a même valeur que le poids de l'eau déplacée. Pour chaque personne qui entre ou qui sort, la barque s'enfonce ou se relève d'autant de décimètres cubes que la personne pèse elle-même de kilogrammes.

5. Influence du liquide sur lequel flotte le corps. — Puisqu'un corps flottant s'enfonce jusqu'à ce que le poids du liquide déplacé soit égal à son propre poids, on voit que ce corps plongera d'autant moins que le liquide sur lequel il nage sera lui-même plus lourd. Sur l'eau, le bois plonge d'une bonne partie de son épaisseur; sur le mercure, le plus lourd des liquides, il plongerait à peine. Le plomb, le fer, le cuivre, flottent sur le mercure tout aussi aisément que le liège sur l'eau. Un œuf va au fond de l'eau douce; il flotte sur de l'eau convenablement salée. De même, un bâtiment très chargé peut flotter sans péril tant qu'il est dans les eaux salées de la mer, et être submergé s'il entre dans les eaux douces d'un fleuve.

6. Lest. — Pour qu'un corps flottant se maintienne sur l'eau sans danger de chavirer malgré les mouvements du liquide, il faut que le poids du corps soit distribué de telle façon que les parties les plus lourdes se trouvent aussi bas que possible. On nomme *lest* cet excès de poids de la partie inférieure du corps flottant. Dans un vaisseau, les marchandises sont disposées de manière à faire office de lest. C'est tout au fond que sont placées les plus lourdes. Si le navire entreprend un voyage sans marchandises, on le *leste*, c'est-à-dire qu'on dispose à fond de cale du sable, des pierres, de gros lingots de fonte.

7. Alcoomètre. — Le principe actif du vin et des produits qui en dérivent par la distillation, eau-de-vie, esprit-de-vin et trois-six, est l'*alcool*, liquide plus léger que l'eau. Dans ce liquide, un corps flottant s'enfonce plus que dans de l'eau ; et dans un mélange d'alcool et d'eau, comme l'est l'eau-de-vie, il s'enfonce plus ou moins suivant que la richesse alcoolique est plus ou moins considérable. Tel est le principe de l'alcoomètre.

Cet instrument est en verre, et se compose d'une tige creuse, renflée inférieurement et terminée en outre par une ampoule pleine de mercure ou de grains de plomb servant de lest. Une graduation de 0 à 100 divise la tige. Plongé dans de l'eau, l'instrument s'enfonce jusqu'à la

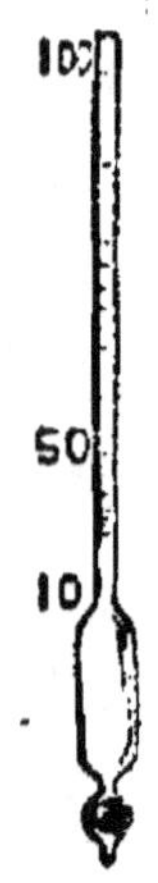

Fig. 10. — Alcoomètre.

division 0, placée au bas de la tige; plongé dans de l'alcool pur, il s'enfonce jusqu'à la division 100, qui occupe l'extrémité supérieure de la graduation. Mais s'il plonge, par exemple, jusqu'à la division 60, cela signifie que l'esprit-de-vin sur lequel il flotte contient en volume 60 parties d'alcool et 40 parties d'eau.

En d'autres termes, sur 100 litres de cet esprit-de-vin, il y a 60 litres d'alcool et 40 litres d'eau.

QUESTIONNAIRE

1. Quel effet produisent les liquides sur les corps immergés ?

2. Comment se démontre le principe d'Archimède ? — Donnez l'énoncé de ce principe.

3. Pourquoi dans l'eau un fardeau est-il plus facile à soulever que dans l'air ? — Que remarquez-vous au sujet d'un seau servant à tirer l'eau d'un puits ?

4. Que faut-il pour qu'un corps flotte ? — Pourquoi une poutre flotte-t-elle et un grain de sable non ? — Peut-on faire flotter le fer sur l'eau ? — De combien s'enfonce un corps flottant ?

5. Quels effets produit la nature du liquide sur lequel le corps flotte ? — Donnez des exemples.

6. Quelle condition faut-il pour qu'un corps flottant ne chavire pas ? — Qu'appelle-t-on lest ?

7. Qu'est-ce que l'alcoomètre ? — A quoi sert-il ?

CHAPITRE V

1. L'atmosphère. — Au-dessus de nos têtes semble s'arrondir, pendant le jour, une voûte lumineuse et bleue. Or, cette merveilleuse apparence est due à l'air qui, de toutes parts, couvre la terre, et lui forme une enveloppe d'une quinzaine de lieues d'épaisseur, nommée *atmosphère*. Malgré sa subtilité, l'air, comme toute matière, est pesant; son poids est de 1 gramme et 3 décigrammes par litre. L'atmosphère, couche énorme d'air, doit donc peser de tout son poids sur les objets qui y sont plongés; et comme la pression se transmet dans tous les sens, à cause de la fluidité de l'air, cette pression doit se faire sentir dans tous les sens à la fois, en dessus, en dessous, à gauche, à droite, en avant, en arrière. Quelques expériences nous démontreront cette pression en tous sens.

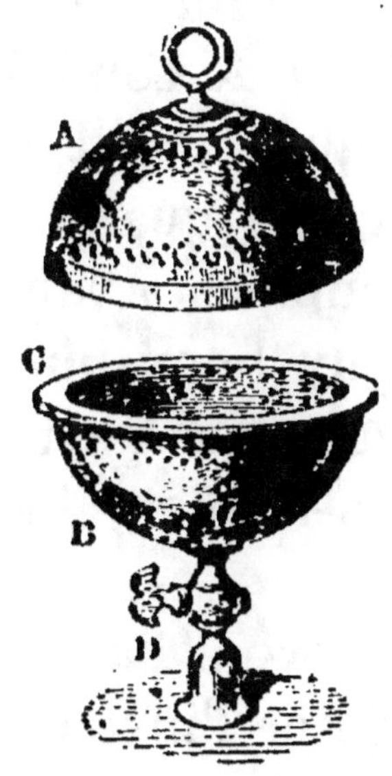

Fig. 11. — Hémisphères de Magdebourg.

2. Hémisphères de Magdebourg. — Si nous disposions d'une *machine pneumatique,* machine qui sert à faire le vide, c'est-à-dire à retirer tout l'air d'un vase clos, nous pourrions faire l'expérience des hémisphères de Magdebourg, si simple et si frappante. L'appareil consiste en deux calottes de cuivre A et B, en forme de moitiés de sphère creuse. Un rebord plan C, muni d'une rondelle de cuir graissé, permet d'appliquer exactement les hémisphères l'un contre l'autre. Enfin un canal muni d'un robinet D peut être vissé sur le conduit de la machine pneumatique et sert à retirer l'air de la sphère creuse quand les deux calottes sont assemblées. Avant que le vide soit fait, les deux hémisphères se séparent l'un de l'autre sans aucune difficulté, car, remarquons-le bien, ils ne sont que juxtaposés.

Maintenant enlevons l'air de l'appareil, et avant de dévisser l'instrument de dessus le conduit de la machine pneumatique, fermons le robinet D pour empêcher l'air de rentrer. Cela fait, les deux hémisphères, qui tantôt se séparaient sans la moindre difficulté, opposent à leur séparation une résistance énorme, à cause de la pression de l'air extérieur, pression que rien ne contre-balance plus à l'intérieur. Pour peu que leur surface soit égale à celle d'une orange, l'effort des deux mains est impuissant à les séparer. Du reste leur résistance augmente avec l'étendue de leur superficie. On a construit des hémisphères assez grands pour résister aux efforts d'un double attelage de vingt chevaux. Si grande que soit cette résistance, il suffit de laisser rentrer l'air, en ouvrant le robinet, pour que la séparation se fasse à l'instant sans la moindre difficulté.

Avec les hémisphères de Magdebourg, on peut reconnaître que la pression de l'atmosphère s'exerce dans tous les sens indistinctement. De quelque manière, en effet, que l'on tienne l'appareil quand on cherche à séparer les deux calottes, qu'on le tienne vertical, horizontal ou incliné de telle façon que l'on voudra, la séparation reste également difficile; preuve évidente que la pression de l'air se fait éprouver dans tous les sens à la fois.

3. Expérience avec la rondelle de

cuir. — Parlons maintenant de quelques expériences à outillage très simple, à la portée de tous. — Dans un cuir très

Fig. 12. — Expérience avec la rondelle de cuir.

épais nous découpons une rondelle d'un décimètre environ de largeur, et nous la faisons ramollir par un séjour prolongé dans l'eau. Enfin nous l'armons au milieu, au moyen d'un trou aussi étroit que possible, d'un long et solide cordon. Voilà l'instrument prêt. Maintenant nous appliquons cette rondelle, bien assouplie par son séjour dans l'eau, sur une surface polie et inébranlable, une dalle, par exemple, ou le parquet d'un appartement. Nous avons soin de le comprimer un peu pour chasser tout l'air qui pourrait se trouver en dessous. Saisissant alors le cordon, nous tirons à nous de toutes nos forces. La rondelle résiste à l'arrachement d'une façon invincible, comme résistent à la séparation les hémisphères de Magdebourg, et pour le même motif. La compression, favorisée par la souplesse de la rondelle, a chassé l'air de la face inférieure ; mais à la face supérieure s'exerce toujours la pression atmosphérique, et c'est elle qui, non contre-balancée maintenant par une pression opposée, fixe si solidement la rondelle de cuir à la dalle. Pour opérer la séparation, il suffit de soulever un peu avec les doigts le bord de la rondelle ;

l'air pénètre à l'instant au-dessous, et toute résistance cesse.

4. Expériences avec une carafe. — Après avoir rempli entièrement une carafe d'eau, on applique sur l'orifice un morceau de papier ; et, tout en mainte-

Fig. 13. — La carafe renversée.

nant le papier en place avec la main, on renverse doucement le vase sens dessus dessous. On peut alors retirer la main qui maintenait le papier sans que l'eau s'écoule de la carafe renversée. C'est encore la pression atmosphérique, s'exerçant aussi bien de bas en haut que de haut en bas, qui retient l'eau et s'oppose à son écoulement. Le rôle du papier est d'empêcher l'air de s'insinuer dans la

Fig. 14. — Expérience de l'œuf et de la carafe.

masse liquide et de la diviser, ce qui amènerait aussitôt la chute de l'eau.

Nous verrons plus tard que la chaleur augmente le volume des corps, en un mot les *dilate*. Si donc nous chauffons l'air contenu dans une carafe, une partie de cet air s'en ira; et celui qui restera, une fois refroidi et revenu à son volume primitif, ne remplira plus la carafe. Alors l'air extérieur se précipitera dans la place vide qui lui est faite.

Cela dit, brûlons une mèche de papier à l'intérieur d'une carafe. Ayons d'autre part un œuf durci dans l'eau bouillante, et dépouillons-le de sa coque. Au moment où le papier va s'éteindre, mettons l'œuf ainsi préparé sur le goulot de la carafe, le petit bout en bas. L'orifice est insuffisant pour le laisser entrer; mais voici que l'œuf s'allonge, se rétrécit, glisse dans le goulot; puis, tout à coup, il pénètre avec bruit. C'est la poussée de l'air extérieur qui l'a fait engager dans le goulot, trop étroit pour lui. Quant au bruit, il provient du choc de l'air, qui rentre subitement.

5. Crève-vessie. — Une expérience analogue, mais plus frappante, se fait avec la machine pneumatique. Sur un fort cylindre de verre ouvert aux deux bouts, une membrane est solidement fixée avec un cordon. L'appareil ainsi préparé est mis sur le plateau de la machine. Avant que le vide soit fait dans le

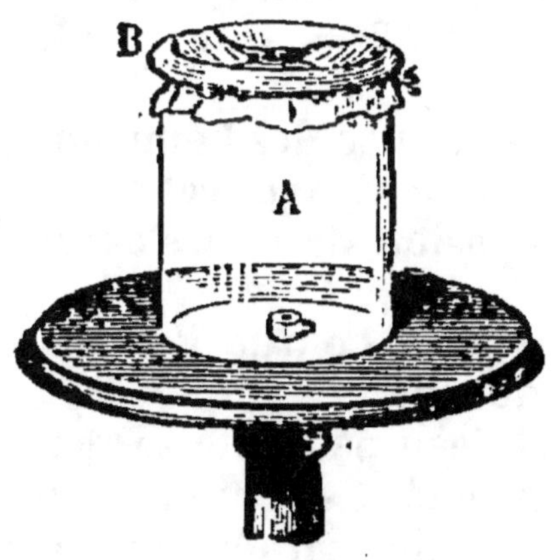

Fig. 15. — Crève-vessie.

cylindre, la membrane est plane, pressée qu'elle est par l'air également en dessus et en dessous. Si l'on fait le vide, elle se gonfle en dedans du cylindre sous la pression de l'air extérieur, non contrebalancée par la résistance de l'air intérieur; elle se tend de plus en plus, et finit par crever avec fracas. Ce bruit accompagnant la rupture provient de la rentrée violente de l'air dans le cylindre vide.

QUESTIONNAIRE

1. Qu'est-ce que l'atmosphère? — Combien pèse un litre d'air? — Que résulte-t-il de ce poids de l'air?

2. Dites l'expérience des hémisphères de Magdebourg. — Comment, avec cet appareil, prouve-t-on que la pression de l'air s'exerce dans tous les sens?

3. Dites l'expérience que l'on peut faire avec une rondelle de cuir.

4. Comment l'eau peut-elle se maintenir dans une carafe renversée? — Comment un œuf peut-il pénétrer dans une carafe par la poussée de l'air?

5. En quoi consiste l'expérience du crève-vessie?

CHAPITRE VI

BAROMÈTRE. — AÉROSTATS.

1. Expérience de Torricelli. — On remplit de mercure un tube de verre fermé à l'une de ses extrémités et long de huit à neuf décimètres. Une fois plein, on le bouche avec le doigt et on le renverse pour en plonger l'extrémité ouverte dans une cuvette pleine de mercure. Le doigt est alors retiré. Le mercure descend un peu et s'arrête dans le tube, à une hauteur de 76 centimètres environ à partir du niveau de la cuvette. Au-dessus de la colonne de mercure il n'y a rien dans le tube. Cet espace se nomme *vide barométrique* ou *chambre barométrique*.

La cause de la suspension du mercure au-dessus de son niveau extérieur est la même que dans les expériences précédentes. La pression atmosphérique s'exerce sur le liquide de la cuvette ; elle se transmet de bas en haut au contenu du tube et maintient suspendue la colonne mercurielle.

Fig. 16. — Expérience de Torricelli.

Si la même expérience était reprise avec de l'eau, liquide 13 fois moins lourd que le mercure, la colonne suspendue au-dessus du niveau extérieur serait 13 fois plus haute et par conséquent atteindrait 10 mètres environ.

2. Valeur de la pression atmos-

phérique. — La pression de l'air est capable de tenir suspendue soit une colonne d'eau de 10 mètres de hauteur, soit une colonne de mercure de 76 centimètres. On trouve ainsi que sur un décimètre carré de base l'air exerce une pression de 103 kilogrammes en nombre rond. Ainsi s'explique la résistance que présentent à la séparation les hémisphères de Magdebourg et la rondelle de cuir appliquée sur une dalle.

3. Baromètre. — Supposons que la colonne de mercure, dans l'expérience de Torricelli, soit accompagnée d'une graduation en millimètres, pour en mesurer la hauteur, et nous aurons ce qu'on appelle un *baromètre*, sorte de balance qui nous avertit des changements de pression survenus dans l'atmosphère. Le baromètre, en effet, ne se maintient pas toujours, en un même lieu, à 76 centimètres de hauteur. Tantôt il monte un peu plus, tantôt un peu moins, preuve que l'atmosphère éprouve des variations dans ses manières d'être.

Or, tout trouble dans l'état de l'atmosphère amène un changement de temps,
pluvieux ou sec, calme ou tempétueux.
Comme, par ses variations de niveau,

Fig. 17. — Baromètre.

le baromètre nous avertit des variations
de la pression atmosphérique, cet instrument nous permet de prévoir un peu le
temps qu'il va faire. Le baromètre est
haut par un temps sec ; il est bas par
un temps pluvieux. Le temps doit se

mettre au beau si le baromètre monte peu à peu, il doit se mettre à la pluie si le baromètre descend graduellement. Un abaissement brusque et considérable de la colonne de mercure est un signe de tempête, alors même que rien encore ne l'annonce dans l'air.

A mesure qu'on s'élève plus haut, le baromètre baisse, parce que la couche d'air laissée en dessous est de moins dans la pression qui soutient la colonne mercurielle. Aussi emploie-t-on le baromètre pour évaluer la hauteur des montagnes et l'élévation atteinte dans les ascensions aérostatiques.

4. Principe d'Archimède appliqué aux gaz. — A cause de leur fluidité et de leur poids, les gaz se comportent comme des liquides relativement aux corps immergés ; ils leur font éprouver une poussée de bas en haut qui les allège d'une quantité égale au poids du gaz déplacé.

5. Montgolfières. — C'est à la poussée de bas en haut de l'air atmosphérique qu'est due l'ascension des *ballons à air chaud* ou *montgolfières*. La chaleur augmente le volume de l'air, le dilate. De cette dilatation résulte une diminution de poids à volume égal.

Supposons un ballon à air chaud de 10 mètres de diamètre. Ce ballon, bien gonflé, a un volume de 565 mètres cubes. L'air chaud dont il est plein ne pèse, par exemple, que 1 gramme par litre, tandis que l'air froid dont il occupe la place pèse 1 gramme et 3 décigrammes. Le poids total de l'air chaud est alors de 565 kilogrammes, et celui de l'air froid déplacé est de 734 kilogrammes. L'air chaud, sollicité de haut en bas par son propre poids, de bas en haut par la poussée de l'air froid qu'il déplace, tend donc à s'élever avec une force égale à la différence des deux poids, c'est-à-dire à 169 kilogrammes. Alors, si le poids de la toile, des cordages, de la nacelle, de l'aéronaute et de ses instruments n'atteint pas cette valeur de 169 kilogrammes, le ballon s'élèvera, parce que son

poids total sera moindre que la poussée
de l'air froid.

6. Aérostats. — Les ballons à air

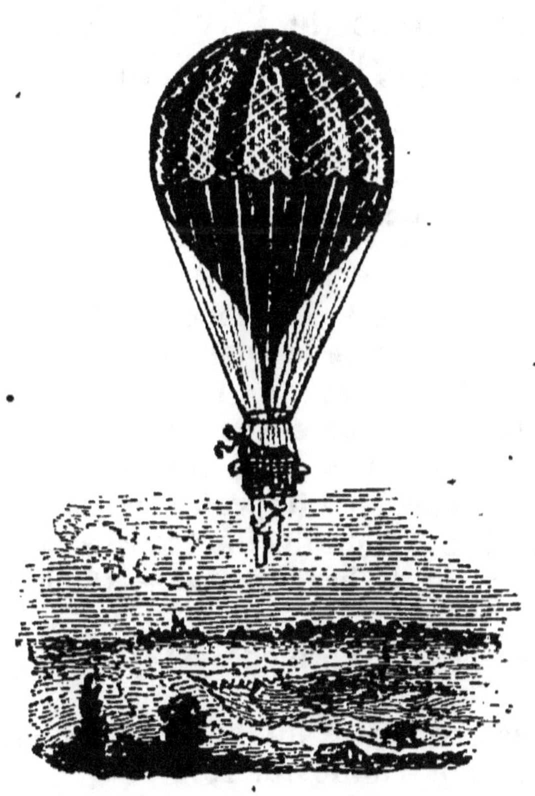

Fig. 18. — Aérostat.

chaud ne sont guère employés par les
aéronautes; car, à moins d'avoir un volume énorme, ils ne peuvent emporter
qu'une charge assez faible, le poids de

l'air chaud ne différant pas assez de celui de l'air froid. On leur préfère les *aérostats* construits avec du taffetas vernissé et gonflés avec du gaz d'éclairage, ou mieux encore avec de l'hydrogène, gaz quatorze fois plus léger que l'air.

QUESTIONNAIRE

1. En quoi consiste l'expérience de Torricelli? — Quelle est la cause de la suspension de la colonne mercurielle? — Avec de l'eau, quelle serait la hauteur de la colonne suspendue?

2. A quoi équivaut la pression atmosphérique? — Quelle est, en kilogrammes, la valeur de cette pression sur un décimètre carré?

3. Qu'est-ce que le baromètre? — Quels sont ses usages?

4. Le principe d'Archimède est-il vrai pour les gaz?

5. Expliquez comment un ballon à air chaud peut s'élever dans l'atmosphère.

6. Qu'appelle-t-on aérostat?

CHAPITRE VII

1. Pompe aspirante. — Elle se compose d'un gros et court cylindre AB, nommé *corps de pompe,* et d'un canal plus étroit EF, ou *canal d'aspiration,* plongeant dans l'eau (fig. 19). Une rondelle à charnière ou *soupape s,* s'ouvrant de bas en haut, est placée à la jonction du corps de pompe et du canal d'aspiration. Une seconde soupape *s'*, s'ouvrant aussi de bas en haut, est à l'entrée d'un orifice percé dans un épais disque mobile appelé *piston*. Par l'intermédiaire d'une tige, un levier manœuvré à la main fait mouvoir ce piston, qui tour à tour monte et descend dans le corps de pompe.

Supposons l'opération au début. L'eau est au même niveau dans le réservoir et dans le canal d'aspiration, parce que

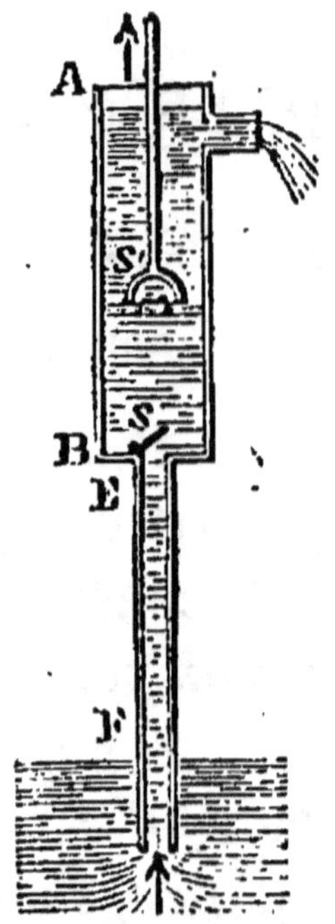

Fig. 19. — Pompe aspirante.

celui-ci est plein d'air qui s'oppose aux effets de la poussée atmosphérique. Quand il est soulevé, le piston laisse derrière lui un espace vide, où l'air du canal d'aspiration se précipite en partie, en soulevant la soupape s. Du même coup, l'eau monte un peu dans le canal d'aspiration, parce que l'air qui reste dans ce canal n'est plus suffisant pour faire à lui seul obstacle à la pression de l'air extérieur. Maintenant le piston redescend. La soupape *s* se ferme par son propre poids et empêche l'air du corps de pompe de revenir dans le canal d'aspiration. Au contraire, la soupape *s'* s'ouvre, soulevée par l'air du corps de pompe, air que le piston comprime et refoule dans un espace de plus en plus étroit. Quand le piston est arrivé au bas de sa course, il n'y a plus d'air dans le corps de pompe.

Le piston remonte : une nouvelle quantité d'air s'introduit dans le corps de pompe, et l'eau monte encore un peu plus dans le canal d'aspiration. A la seconde descente du piston, l'air du corps de pompe est rejeté. Cela se continuant ainsi un certain nombre de fois, tout l'air finit par être expulsé, et l'eau arrive dans le corps de pompe, pour être déversée au dehors par le jeu du piston.

Remarquons bien que l'eau monte dans le canal d'aspiration par l'effet de la pression atmosphérique s'exerçant sur la nappe liquide du réservoir. Or cette pression, comme nous l'avons vu, peut soulever une colonne d'eau de 10 mètres et pas plus. Si donc la soupape inférieure *s* se trouvait à une hauteur plus grande au-dessus du niveau du puits, l'eau ne pourrait la franchir pour pénétrer dans le corps de pompe, et, malgré tous les coups de piston, la pompe ne fonctionnerait pas, l'eau s'arrêtant invinciblement à la hauteur de 10 mètres.

2. Siphon. — Pour transvaser les liquides d'un récipient dans un autre, on se sert du *siphon*, canal soudé à deux branches inégales. La plus courte branche plonge dans le liquide qu'on veut faire écouler, et que nous supposerons être de l'eau. Si par l'orifice C de la grande branche on aspire avec la bouche de manière à remplir le siphon, et qu'ensuite on abandonne l'appareil à lui-même, l'eau se met à couler par l'extrémité de

la grande branche, et son écoulement
continue tant que le niveau dans le vase
n'est pas descendu au-dessous de l'orifice de la petite branche.

Pour bien comprendre la cause de cet
écoulement, supposons que la petite bran-

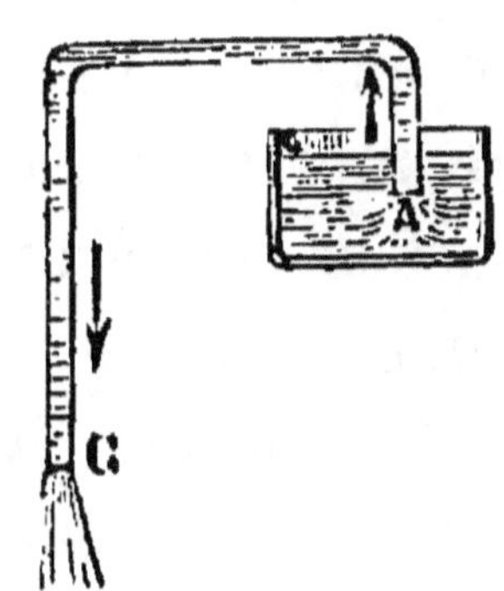

Fig. 20. — Le siphon.

che du siphon ait 1 mètre de hauteur, et
la grande branche 3 mètres. La pression
atmosphérique qui s'exerce sur la nappe
d'eau contenue dans le vase et se transmet à l'orifice A, pourrait tenir suspendue
dans la petite branche une colonne d'eau
de 10 mètres ; mais comme il y a déjà de
soulevée dans cette même branche une
colonne d'eau de 1 mètre, la poussée de

l'air non encore employée n'est plus représentée que par 9 mètres d'eau.

De même, la poussée atmosphérique s'exerçant à l'orifice C est capable de soutenir 10 mètres d'eau ; et comme elle en soutient déjà 3, il ne reste plus que 7 mètres d'eau pour représenter la partie de cette poussée non employée. Ainsi, du côté de A il reste encore une poussée représentée par 9 mètres d'eau, et du côté de C une poussée représentée seulement par 7 mètres. Entre ces deux poussées inégales, le liquide du siphon ne peut rester en repos ; il s'écoule donc par l'orifice de la grande branche, où la poussée est moins forte, et se trouve immédiatement remplacé par le liquide du vase, ce qui produit un écoulement continu.

3. Fontaines intermittentes. — On connaît, en divers endroits, des fontaines naturelles qui donnent de l'eau pendant quelques jours, quelques mois, puis s'arrêtent un certain temps et recommencent plus tard à couler. Il en est d'autres qui dans l'intervalle de quelques heures, de quelques minutes, reprennent et suspendent leur écoulement. Ces curieuses fontaines, dont le flot tarit et reparaît par

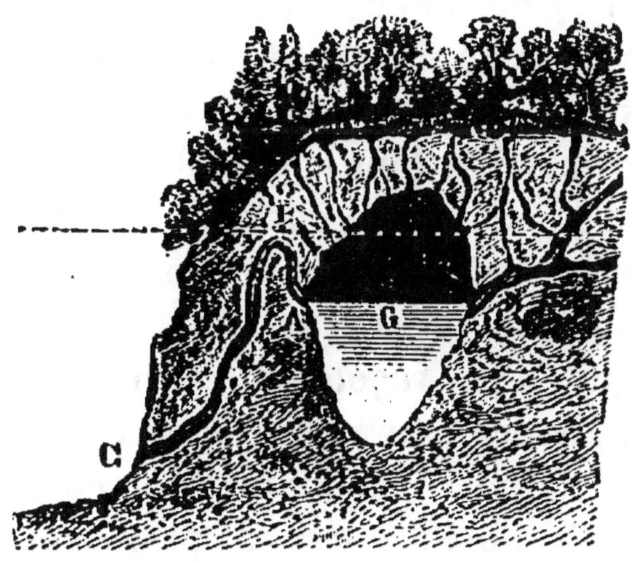

Fig. 21. — Fontaine intermittente.

intervalles réguliers, sont connues sous le nom de *fontaines intermittentes*. Leur explication se trouve dans le jeu du siphon.

Supposons une cavité où les eaux s'amassent par des infiltrations et communiquent au dehors par une fissure ABC, grossièrement recourbée en siphon. Supposons aussi que cette fissure laisse écouler, dans un même temps, plus d'eau que n'en reçoit la cavité. D'abord la cavité s'emplira, sans écoulement au dehors, tant que le niveau de l'eau ne sera pas arrivé à la ligne ponctuée passant par le sommet du siphon. Mais, arrivée là, l'eau se répandra dans la grande branche, remplira le siphon en entier, et l'écoulement de la fontaine commencera ; seulement, comme le siphon dépense plus d'eau que n'en reçoit le réservoir, le niveau baissera peu à peu dans celui-ci, jusqu'à atteindre la ligne AG, correspondant à l'orifice de la plus courte branche de la fissure. A partir de ce moment, l'écoulement cessera. Mais, les infiltrations continuant toujours dans la cavité, le niveau remontera en B, et la source se remettra à couler.

4. Tâte-vin. — Pour prendre, par la bonde d'un tonneau, une petite quantité de vin qu'on doit soumettre à la dégustation, on emploie un *tâte-vin*, c'est-à-dire le petit appareil en fer-blanc que représente la figure. Plongé dans la bonde d'un tonneau, le tâte-vin s'emplit. On bouche son orifice supérieur avec le doigt, et son contenu, retenu par la pres-

Fig. 22. — Tâte-vin.

sion atmosphérique s'exerçant à l'orifice inférieur, peut être transporté ailleurs et déversé dans un verre, où il s'écoule dès qu'on laisse rentrer de l'air en enlevant le doigt.

5. Soufflet ordinaire. — Il se compose de deux planchettes reliées par une

peau souple, de façon que le tout constitue une sorte de poche dont on augmente ou diminue la capacité en écar-
tant ou rapprochant les deux poignées
A et B. Une soupape D, s'ouvrant de
dehors en dedans, occupe le centre de la
planchette inférieure. Enfin un canal ou

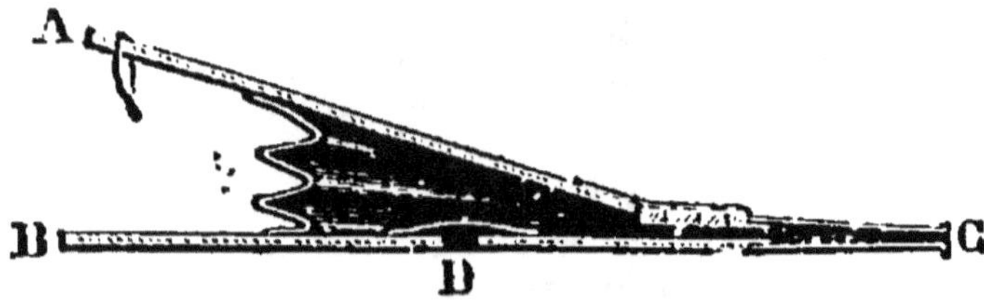

Fig. 23. — Soufflet.

tuyère C termine l'instrument. Si l'on
ouvre le soufflet, sa cavité augmente, et
l'air extérieur s'y précipite, tant par la
tuyère que par la soupape. Quand on
ferme le soufflet, on comprime l'air qu'il
renferme; et celui-ci, fermant par sa pression la soupape D, s'élance avec force par
la tuyère.

QUESTIONNAIRE

1. De quoi se compose une pompe aspirante ?
— Quelle est la cause de l'ascension de l'eau dans

pareille pompe? — Quelle est la plus grande hauteur que l'eau puisse y atteindre?

2. En quoi consiste un siphon? — Expliquez le jeu du siphon.

3. Qu'appelle-t-on fontaines intermittentes? — Quelle explication en donne-t-on?

4. Qu'est-ce que le tâte-vin?

5. Rendez compte du mécanisme du soufflet.

LA CHALEUR

CHAPITRE VIII

LES TROIS ÉTATS DE LA MATIÈRE

1. La chaleur liquéfie. — On l'a déjà dit : une même substance peut affecter trois aspects différents, qu'on nomme les trois états de la matière, savoir : *l'état solide, l'état liquide* et *l'état gazeux*. La chaleur est la principale cause du changement d'état.

La glace est un corps solide. Mettonsla dans un vase, sur le feu. Elle se fondra, elle deviendra matière liquide, de l'eau. — Le soufre, lui aussi, est solide. Quand on le chauffe suffisamment, il devient liquide, il coule. — Il faut en dire autant du plomb, de l'étain, du cuivre, du fer. Ces matières, si dures, si tenaces, coulent comme de l'eau quand on les chauffe au point voulu, variable d'une matière à l'autre.

2. La chaleur volatilise. — Avec de la chaleur, on fait passer un corps de l'état solide à l'état liquide ; avec plus de chaleur encore, on lui fait prendre l'état gazeux. On dit alors que le corps se *volatilise*, c'est-à-dire devient une vapeur subtile, un gaz qui s'*envole* en l'air.

La glace mise sur le feu d'abord se fond ; puis l'eau qui en provient s'échauffe, se met à bouillir et répand des vapeurs, qui sont de l'eau à l'état gazeux. — Chauffé dans une fiole, sur quelques charbons allumés, le soufre, après s'être fondu, se résout en vapeurs d'un beau jaune citron. — Les métaux, si compacts, si lourds, s'en vont en vapeurs, tantôt visibles et tantôt invisibles, suivant la nature du métal. Chauffons un peu de zinc dans une vieille cuiller en fer, nous verrons le métal se fondre, puis s'envelopper d'une flamme d'un blanc éblouissant, due aux vapeurs métalliques qui se dégagent.

3. Le froid. — Le froid n'a pas d'existence propre ; ce n'est pas quelque chose d'opposé à la chaleur. Un corps n'est froid que relativement à un autre plus chaud ; ou, pour mieux dire, tous les corps sont chauds, seulement à des degrés divers ; et nous les qualifions de chauds ou de froids suivant qu'ils sont plus chauds ou plus froids que nos organes mis en contact avec eux. La chaleur est partout, et le froid n'est qu'un mot servant à désigner les degrés inférieurs de chaleur. Refroidir, ce n'est pas ajouter du froid, qui par lui-même n'est rien ; c'est soustraire de la chaleur. Avec plus de chaleur, un corps s'échauffe ; avec moins de chaleur, il se refroidit.

4. Le froid liquéfie les matières gazeuses et solidifie les matières liquides. — Un accroissement de chaleur fait d'un liquide une vapeur, un gaz. Une diminution de chaleur, ou le froid, de cette vapeur refait un liquide.

La vapeur de la marmite bouillante, au contact du couvercle froid, perd de sa chaleur et redevient de l'eau. La vapeur de notre souffle, au contact d'un carreau de vitre froid, ruisselle en gouttelettes liquides. De même pour toute vapeur. Vapeur de soufre, vapeur d'alcool, vapeur de métal, refroidies au point voulu, reprennent l'état antérieur, et deviennent soufre, alcool, métal. Les gaz proprement dits, ces substances pour lesquelles l'état habituel est l'état gazeux, comparable à celui de l'air, se comportent de la même manière et se liquéfient quand on les refroidit assez, ce qui demande dans certains cas les moyens les plus puissants dont la science dispose.

Pareillement, tout corps liquide peut devenir solide par une diminution de chaleur. Retiré de dessus le feu, le plomb fondu se refroidit et se solidifie. Aux premières atteintes de l'hiver, l'huile se fige, durcit ; si le froid devient un peu plus vif, l'eau se prend en glace. Ainsi des autres liquides : chacun se solidifie pour un degré de refroidissement fort variable de l'un à l'autre.

5. Expansion de la glace. — La très

Fig. 24. — Expansion de la glace.

grande majorité des corps, en se solidifiant, diminuent de volume; ils se contractent et deviennent aussi plus lourds. Par une exception fort remarquable, l'eau fait tout le contraire : elle augmente de volume, elle se dilate et devient ainsi plus légère. Voilà pourquoi la glace flotte sur l'eau ; au lieu de descendre au fond, elle surnage.

Quand elle se forme dans un espace clos s'opposant à son augmentation de volume, la glace exerce une poussée invincible contre l'obstacle qui entrave son expansion, et le brise, si résistant qu'il soit. Une bouteille pleine d'eau et bien bouchée se casse en plusieurs fragments si elle est soumise à la gelée d'une journée d'hiver. Une bombe en fonte, un canon en bronze, traités de la même manière, se fendent et se déchirent par l'effet de la poussée de la glace formée à leur intérieur. Les roches les plus dures, si elles emprisonnent de l'eau dans leurs fentes, leurs fissures, tombent en éclats par la gelée et démontrent toute l'exactitude de cette expression populaire : « Il gèle à pierre fendre. »

QUESTIONNAIRE

1. Comment fait-on passer un corps de l'état solide à l'état liquide ? — Donnez des exemples.

2. Que faut-il entendre par cette expression : la chaleur volatilise ? — Donnez des exemples du passage de l'état liquide à l'état gazeux.

3. Le froid a-t-il une existence propre ? — Qu'est-ce que refroidir ?

4. Quels sont les effets du refroidissement ? — Citez quelques exemples.

5. Quelle particularité remarquable présente la formation de la glace ? — Donnez quelques exemples des effets de la glace formée dans un espace clos. — Expliquez la locution : « Il gèle à pierre fendre. »

CHAPITRE IX

DILATATION ET CONTRACTION.
THERMOMÈTRE.

1. Dilatation et contraction. — En gagnant de la chaleur, tout corps, qu'il soit solide, liquide ou gazeux, augmente de volume, s'allonge suivant toutes ses dimensions; enfin il se *dilate*. En perdant de la chaleur, il diminue de volume, il se raccourcit suivant toutes ses dimensions; enfin il se *contracte*. Ces effets inverses, résultant d'un gain et d'une perte en chaleur, s'appellent *dilatation* et *contraction*. Nous allons en donner des exemples pour les trois états de la matière.

2. Expériences sur la dilatation et la contraction des corps solides.

— Ayons une boule et un anneau, l'un et l'autre en métal, ce dernier tel que la boule puisse tout juste s'y engager et passer outre. Chauffons alors la boule et présentons-la à l'anneau. Elle ne peut plus passer à travers; elle est trop grosse

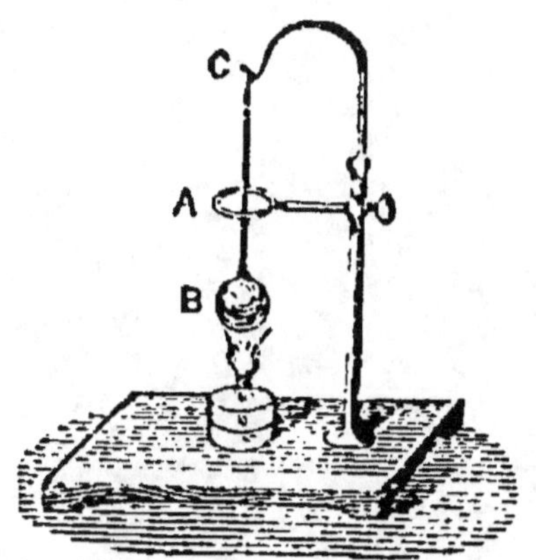

Fig. 25. — Expérience de l'anneau
et de la boule métallique.

pour l'anneau. Laissons-la refroidir. Elle passe maintenant très bien. Chauffons-la de nouveau, elle cesse de pouvoir passer. Ainsi de suite. Donc la boule de métal grossit un peu quand on la chauffe; elle se dilate. La même boule diminue un peu de grosseur quand on la refroidit; elle se contracte.

Pour entourer une roue de voiture d'un cercle de fer qui doit la consolider et la préserver du frottement contre le

Fig. 26. — Cerclage d'une roue de voiture.

sol, les charrons choisissent un cercle un peu plus étroit que la roue en bois, de manière qu'en l'état actuel celle-ci ne peut être enchâssée dans son armure de fer. Mais on chauffe fortement le cercle, qui se dilate et permet alors à la roue d'y pénétrer. Cela fait, le collier de fer est brusquement refroidi avec de l'eau. La contraction du métal est tellement énergique que les diverses pièces de la roue sont désormais fixées l'une à l'autre de la manière la plus solide.

3. Expériences sur la dilatation et la contraction des corps liquides. — Une marmite non entièrement pleine d'eau froide étant mise devant le feu laisse bientôt déverser une partie de son contenu, que la chaleur a dilaté.

Remplissons d'eau, ou de tout autre liquide, une fiole surmontée d'un long tube, en faisant arriver ce liquide au bas du tube environ. Marquons le niveau actuel, et approchons la fiole d'un foyer. Nous verrons le niveau monter peu à peu au-dessus du point de repère, qui permet de suivre les progrès de la dilatation. Si la fiole est retirée de devant le foyer, le liquide redescendra graduellement et gagnera son niveau primitif. Il ne nous en faut pas davantage pour nous convaincre que tous les liquides se dilatent ou se contractent suivant qu'on les échauffe ou qu'on les refroidit.

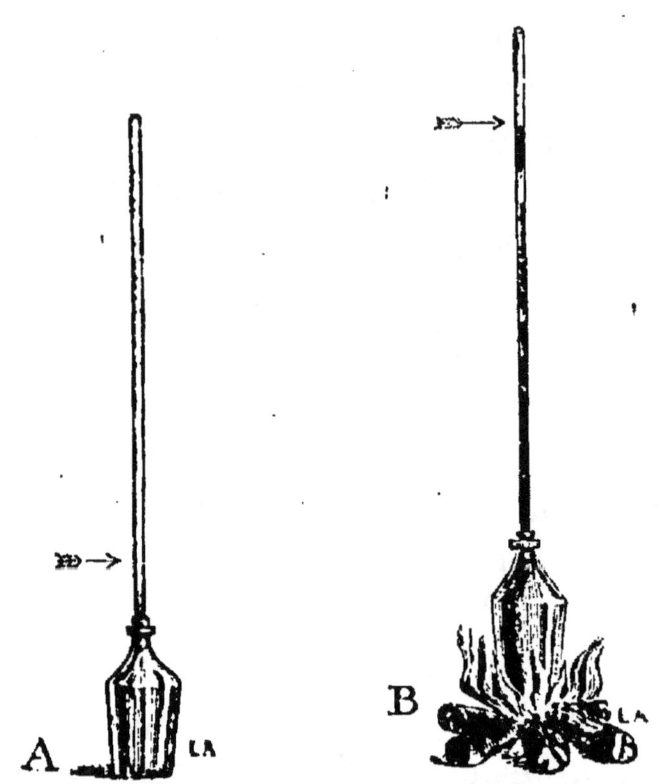

Fig. 27, 28. — A, fiole dont l'eau est froide. B, fiole dont l'eau est chaude. La flèche indique le niveau dans les deux cas.

4. Expérience sur la dilatation et la contraction des corps gazeux.

— Insufflons de l'air dans une vessie bien souple, de façon à ne la remplir qu'à demi environ; puis nouons l'orifice avec un cordon. Rapprochée du feu, cette vessie, d'abord flasque et ridée, se déride et se ballonne, parce que son contenu gazeux se dilate. Éloignée du feu, elle redevient ridée, parce que son contenu se contracte.

Fig. 29. — Étant chauffée, une vessie ridée se ballonne, parce que l'air qu'elle contient se dilate.

5. Thermomètre. — Puisque l'effet général de la chaleur sur les corps est de les dilater, il est tout naturel de se servir de cette dilatation pour mesurer la *température* ou le degré de chaleur. Soit donc une petite ampoule en verre qui s'allonge en un tube relativement long et d'un calibre très étroit, comparable à celui d'un cheveu. On remplit cette ampoule d'un liquide; et pour que celui-ci ne puisse se perdre, on bouche l'extrémité supérieure en la fondant à la lampe. L'instrument ainsi construit, c'est le *thermomètre*.

Le liquide que renferme son réservoir se dilate par la chaleur et s'élève plus ou moins haut dans le tube, de la même manière que l'eau chauffée s'élève dans le long col de la fiole dont il a été parlé plus haut. Le premier liquide venu pourrait servir à faire un thermomètre. On emploie de préférence tantôt le mercure et tantôt l'alcool. Celui-ci est sans couleur; quand on l'emploie pour le thermomètre, on le colore en rouge pour le rendre plus visible. Le thermomètre à mercure est le plus exact.

6. Graduation du thermomètre. — On est convenu de prendre, pour points de repère, deux températures faciles à obtenir et invariables : celle de la fusion de la glace et celle de l'ébullition de l'eau. On plonge donc le thermomètre dans de la glace fondante, et au point où s'arrête le mercure dans le canal thermométrique on marque 0. On plonge

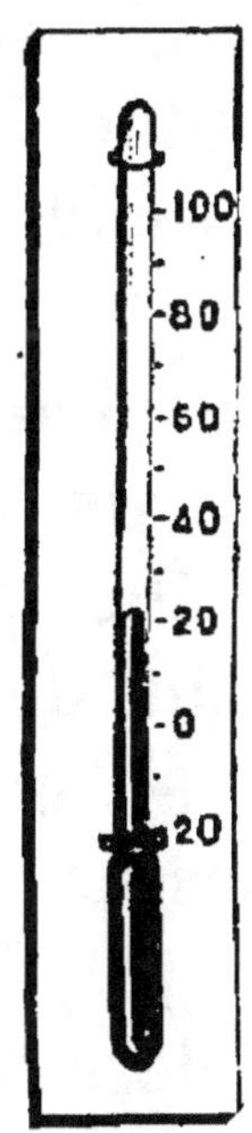

Fig. 30. — Le thermomètre.

ensuite l'instrument dans de l'eau bouillante, ou mieux dans sa vapeur, et l'on marque 100 au point qu'atteint le mercure. Enfin l'intervalle compris entre ces deux points est divisé avec le compas en 100 parties égales, qu'on appelle degrés.

On prolonge l'échelle thermométrique, tant au-dessus du point de l'eau bouillante qu'au-dessous de la glace fondante, en portant de part et d'autre, avec le compas, la longueur d'un degré. Tantôt les degrés sont gravés sur le tube de verre lui-même, tantôt ils sont inscrits sur une planchette à laquelle le thermomètre est fixé.

7. Quelques températures. — Voici quelques-uns des points les plus remarquables de l'échelle thermométrique. Le signe °, placé en haut d'un nombre, se lit *degré;* le signe +, qui se prononce *plus,* veut dire au-dessus du 0 du thermomètre; le signe —, qui se prononce *moins,* veut dire au-dessous du 0.

— 57°, température la plus basse observée dans les régions les plus froides de la terre.

0°, température à laquelle la glace se fond. C'est aussi à cette température que l'eau se prend en glace.

+ 38°, température du corps humain.

+ 54°, température la plus haute constatée à l'ombre dans les pays les plus chauds.

+ 100°, température de l'eau bouillante.

+ 350°, point d'ébullition du mercure.

Au delà de + 350°, le thermomètre à mercure ne peut plus servir, parce que le métal se résout en vapeurs par l'ébullition et casse l'instrument. A plus forte raison ne peut-on se servir, pour les températures élevées, du thermomètre à alcool, qui bout à + 78°. Du reste, pour les usages ordinaires, un thermomètre ne contient que la partie moyenne de son échelle totale, celle où se trouvent les degrés de température qui reviennent le plus souvent dans les applications.

QUESTIONNAIRE

1. En quoi consistent la dilatation et la contraction ?

2. Donnez quelques exemples de la dilatation et de la contraction des corps solides.

3. Quels exemples pouvez-vous citer au sujet des corps liquides ?

4. Comment peuvent se démontrer la dilatation et la contraction des corps gazeux?

5. A quoi sert le thermomètre? — En quoi consiste-t-il? — Quels liquides emploie-t-on pour le thermomètre?

6. Comment se gradue un thermomètre?

7. Citez quelques températures remarquables.

CHAPITRE X

1. Corps bons conducteurs et corps mauvais conducteurs. — Un morceau de charbon peut être impunément saisi avec les doigts par l'une de ses extrémités pendant que l'autre est embrasée ; il n'y a pour nous aucun risque de brûlure, quoique les doigts soient très près de la partie allumée. Mais on ne saisirait pas sans brûlure par le bout froid en apparence une tige de fer, même assez longue, rougie à l'autre bout. Ces deux exemples nous montrent que la chaleur ne se propage pas avec la même facilité dans toutes les substances : elle pénètre aisément le fer, qui devient très chaud bien loin de la partie directement chauffée; elle ne pénètre qu'avec difficulté le charbon, restant froid à peu de distance du point embrasé.

A ce point de vue, on classe les corps en deux catégories : ceux qui se laissent facilement pénétrer par la chaleur ou qui la conduisent bien, et ceux qui se laissent difficilement pénétrer par la chaleur ou qui la conduisent mal. Les premiers sont appelés *bons conducteurs,* tel est le fer; les seconds sont appelés *mauvais conducteurs,* tel est le charbon.

Au nombre des corps bons conducteurs se trouvent tous les métaux. Les corps non métalliques, notamment le bois, le charbon, la brique, le verre, les pierres diverses, sont de mauvais conducteurs. La conductibilité est plus faible encore pour les gaz, pour les corps pulvérulents, comme la cendre, la terre, la sciure de bois, et pour les corps filamenteux, tels que le coton, la laine, la soie, et par conséquent les étoffes faites avec ces matières.

2. Exemples. — Le coussinet de chiffons avec lequel on saisit la poignée d'un fer à repasser préserve la main de la brûlure, parce qu'il empêche la chaleur d'aller plus avant. C'est un corps mauvais conducteur; il arrête la chaleur du fer et l'empêche de se porter sur la main. Pareillement, les divers outils en fer qui doivent aller au feu par un bout et y rougir sont garnis à l'autre bout d'une poignée en bois par laquelle on les manie sans se brûler.

Si, le soir, les tisons à demi consumés sont ensevelis sous la cendre, on les retrouve le lendemain presque aussi ardents que la veille. Sous son enveloppe poudreuse, mauvais conducteur, le charbon a conservé sa chaleur. Cette même cendre, qui fait obstacle au refroidissement, peut faire aussi obstacle à l'échauffement. Mettons sur la main un mince lit de cendre. Nous pouvons ensuite déposer sur cette couche poudreuse un charbon embrasé, sans péril de brûlure. La cendre, par sa mauvaise conductibilité, arrête la chaleur du charbon et l'empêche de se porter sur la main.

3. Ce qui défend du froid défend aussi de la chaleur. — Une matière conduisant mal la chaleur peut servir à deux usages : on peut l'employer à garantir du froid ou bien à garantir de la chaleur, à empêcher une chose de se refroidir comme à l'empêcher de s'échauffer. Se refroidir, c'est perdre de la chaleur; s'échauffer, c'est en gagner. Il s'agit par conséquent d'arrêter, dans le premier cas, la chaleur qui pourrait s'en aller, et dans le second cas, la chaleur étrangère qui pourrait arriver. Dans l'un et l'autre cas, le moyen est le même : il faut opposer à la chaleur un obstacle qu'elle ne puisse franchir, pas plus dans un sens que dans l'autre, c'est-à-dire une enveloppe très mauvaise conductrice.

4. Vêtements. Couvertures. — On dit d'une étoffe qu'elle est chaude, de telle autre qu'elle est froide. Que faut-il entendre par là? Une fourrure, une étoffe, ont-elles une chaleur propre qu'elles nous communiquent? Demandons-nous à la laine, au duvet, au coton, un supplément de chaleur fournie par la substance même?

Nullement, car aucune de ces matières n'a par elle-même de la chaleur et ne peut alors nous en fournir. Leur rôle se borne à empêcher la déperdition de la chaleur qui est en nous, de cette chaleur naturelle que notre corps produit par cela seul que nous vivons. Les vêtements, les couvertures, sont de mauvais conducteurs interposés entre notre corps, qu'échauffe la chaleur de la vie, et les objets extérieurs, l'air en particulier, qui, plus froids que nous, abaisseraient notre température. Ils sont pour nous ce qu'une pelletée de cendres est pour les tisons de l'âtre. Ils ne nous réchauffent pas, mais ils nous conservent la chaleur naturelle; ils ne nous donnent rien, mais ils nous empêchent de perdre.

QUESTIONNAIRE

1. Quelles différences présentent le charbon et le fer au point de vue de la chaleur? — Qu'appelle-t-on corps bons conducteurs et corps mauvais conducteurs? — Quels sont les mauvais conducteurs? — Quels sont les bons conducteurs?

2. Citez quelques exemples de mauvaise conductibilité.

3. Comment un même corps peut-il défendre soit du froid, soit de la chaleur?

4. Quel rôle remplissent les vêtements et les couvertures?

CHAPITRE XI

1. Fusion. — Par une élévation suffisante de température, les corps solides entrent en fusion, c'est-à-dire deviennent liquides. La règle est générale ; les exceptions, comme celles du charbon, de la pierre calcaire, du bois, de la chaux, proviennent soit de ce que le corps se décompose par la chaleur, soit de ce que nous ne savons pas produire une chaleur assez élevée. Les uns se liquéfient à une basse température : tel est le mercure, qui devient fluide à 40 degrés au-dessous de zéro ; aussi est-il toujours un métal coulant dans nos pays, à moins d'être refroidi par des moyens artificiels. La glace entre en fusion à 0°, le suif à 33°, l'étain à 235°, le plomb à 320°. Le fer est plus difficile à fondre, il exige de 1,500° à 1,600°. Enfin le platine nécessite, pour se fondre, la plus violente chaleur que l'industrie sache produire.

2. Chaleur de fusion. —Tout corps, pour se fondre, exige une certaine quantité de chaleur, qui est uniquement employée au changement d'état et reste sans effet sur le thermomètre et sur nos organes. On lui donne le nom de *chaleur de fusion*. Ainsi de la glace à 0° de température donne, en se fondant, de l'eau également à 0°, et cependant celle-ci possède en plus une forte proportion de chaleur que nos organes et le thermomètre ne peuvent constater. Des recherches délicates ont appris qu'un kilogramme de glace à zéro, pour se réduire en eau également à zéro, exige une quantité de chaleur égale à celle qu'il faudrait pour échauffer de 79 degrés un kilogramme d'eau.

3. Mélanges réfrigérants. — Si l'on mélange de la glace pilée et du sel de cuisine en poudre, les deux corps entrent en fusion par leur action mutuelle. Mais il faut ici, comme toujours, la chaleur nécessaire au changement d'état; il en faut à la glace, il en faut au sel. Que doit-il arriver, puisque la fusion s'opère et que la chaleur nécessaire n'est fournie par rien d'étranger au mélange?

Il arrive que ce mélange prend en lui-même, aux dépens de sa chaleur sensible, aux dépens de sa température, la chaleur réclamée par la fusion. Cette chaleur, de sensible qu'elle était, devient insensible et ne compte plus pour la température. Le mélange se refroidit donc tout en se fondant. Le refroidissement obtenu de la sorte atteint une quinzaine de degrés au-dessous de zéro.

D'une manière générale, toutes les fois que deux corps solides peuvent se liqué-fier mutuellement ou qu'un corps so-lide se dissout dans un liquide, il y a abaissement de température, à cause de la transformation d'une partie de la cha-leur sensible en chaleur de fusion. C'est sur ce principe que sont fondés les mélanges propres à refroidir, ou les *mélanges réfrigérants.*

Le plus simple d'entre eux et le plus employé est celui qu'on obtient avec de la glace et du sel de cuisine. Cela nous rend compte de l'emploi de la glace recueillie en hiver et conservée dans des caves spéciales ou *glacières,* pour faire des boissons glacées dans la chaude saison. Cette glace n'entre pas elle-même dans les préparations glacées ; elle sert simplement à faire, avec du sel de cuisine, des mélanges réfrigérants dans lesquels on plonge les vases contenant les préparations qu'il faut congeler.

4. Évaporation et vaporisation. — Le passage d'un liquide à l'état gazeux ou sa transformation en vapeur s'effectue de deux manières ; tantôt les vapeurs se forment uniquement à la surface du liquide, qui reste dans un complet repos : il y a alors *évaporation.* Tantôt les vapeurs se forment au fond de la masse liquide, animée d'un mouvement tumultueux appelé *ébullition,* et viennent en grosses bulles crever à la surface. Ce dernier mode de génération des vapeurs se nomme vaporisation. De l'eau exposée à l'air s'*évapore;* de l'eau mise sur le feu dans un vase et chauffée jusqu'à bouillir se *vaporise.*

L'évaporation s'effectue à toute température, mais d'autant plus activement que cette température est plus élevée. La glace elle-même émet des vapeurs. La vaporisation se fait, au contraire, à une température déterminée pour chaque liquide. Ainsi l'eau se vaporise à 100 degrés.

5. Chaleur nécessaire à la formation des vapeurs. — Toute substance liquide qui passe à l'état de vapeur exige, pour ce changement d'état, une quantité plus ou moins grande de chaleur, sans effet désormais sur le thermomètre et sur nos organes. Ainsi les vapeurs qui s'exhalent de l'eau en évaporation ne se forment et ne se maintiennent qu'à la faveur d'une proportion considérable de chaleur, et cependant elles ne sont pas plus chaudes que l'eau d'où elles proviennent, car cette chaleur est uniquement employée à produire le changement d'état et non à accroître la température.

6. Froid produit par l'évaporation. — Toute évaporation amène donc un refroidissement. Qui ne connaît les frissons qu'on éprouve au sortir d'un bain même chaud? La mince couche d'eau dont le corps est couvert en est cause; son évaporation nous enlève une partie de notre chaleur naturelle. — La prudence nous commande, lorsque nous sommes en transpiration, de ne pas nous dépouiller d'une partie de nos vêtements, et surtout de ne pas nous exposer à des courants d'air. La couche de moiteur, en s'évaporant, donnerait lieu à un refroidissement toujours dangereux.

Le froid produit par l'évaporation est d'autant plus vif que le liquide employé se réduit plus facilement en vapeurs. Ainsi l'éther versé dans le creux de la main produit une impression de fraîcheur des plus marquées. D'autres liquides, plus aisément vaporisables, amèneraient un froid insupportable et glaceraient la main. On se sert de ces liquides

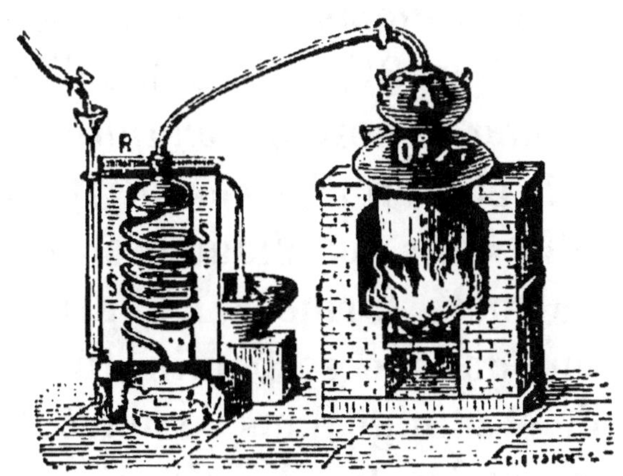

Fig. 31. — L'alambic.

dans les machines à refroidir, machines qui produisent de la glace et congèlent, pour les conserver, les poissons et les viandes apportés de fort loin, parfois de de pays très chauds.

7. Distillation. — Par un refroidissement convenable, les vapeurs retournent à l'état liquide. Ce retour de l'état gazeux à l'état liquide se nomme *condensation* ou *liquéfaction*. On utilise cette propriété dans la *distillation,* pour séparer un liquide plus vaporisable d'un autre qui l'est moins, et par exemple pour extraire du vin l'alcool contenu. L'appareil distillatoire ou *alambic* se compose d'une *chaudière* C (fig. 31) surmontée d'une espèce de dôme A nommé *chapiteau,* d'un *serpentin* S et d'un *réfrigérant* R. Le vin est chauffé dans la chaudière. Les vapeurs d'alcool, formées les premières, s'engagent dans le serpentin, tube roulé en spirale et plongé dans l'eau froide sans cesse renouvelée du réfrigérant ; elles s'y condensent, y reprennent la forme liquide, et l'alcool, débarrassé des autres matières du vin, est reçu dans un vase.

QUESTIONNAIRE

1. Qu'est-ce que la fusion ? — Citez quelques exemples de la température de fusion.
2. Qu'appelle-t-on chaleur de fusion ? — Que vaut la chaleur de fusion de la glace ?
3. Comment expliquez-vous l'action des mé-

langes réfrigérants ? — Quel est le mélange réfrigérant le plus usité ? — A quoi sert la glace recueillie en hiver ?

4. Quelle différence y a-t-il entre l'évaporation et la vaporisation ?

5. Que présente de remarquable la formation des vapeurs ?

6. Pourquoi l'évaporation amène-t-elle un refroidissement ? — Pourquoi l'éther fait-il éprouver une impression de froid ?

7. Qu'est-ce que la condensation ? — En quoi consiste un appareil distillatoire ? — Comment retire-t-on l'alcool du vin ?

CHAPITRE XII

LE VENT. — VAPEURS ATMOSPHÉRIQUES.
PLUIE. — NEIGE. — GRÊLE. — ROSÉE.

1. Le vent. — Le vent est de l'air qui se déplace ; c'est un courant atmosphérique qui, né d'un manque d'équilibre, se précipite dans de nouvelles régions. Sa principale cause est l'inégale distribution de la chaleur à la surface du sol. L'air s'échauffe surtout au contact du sol, échauffé lui-même par le soleil. Devenu plus léger par sa dilatation, l'air chaud quitte le sol et s'élève dans l'atmosphère, tandis que l'air froid des contrées plus ou moins éloignées accourt prendre sa place.

2. Expérience de Franklin. — Ouvrons la porte qui fait communiquer un

appartement chauffé avec un autre qui

Fig. 32. -- Expérience de Franklin.

ne l'est pas, et présentons une bougie allumée tantôt en haut de l'ouverture de la porte, tantôt en bas. Dans le premier cas, on voit la flamme de la bougie se diriger de l'appartement chauffé vers l'appartement froid ; dans le second cas, on la voit se diriger de l'appartement froid vers celui qui est chaud. Cette double direction de la flamme, en sens diamétralement opposés, accuse deux courants : l'un d'air chaud, à la partie supérieure de la porte ; l'autre d'air froid, à la partie inférieure. Les mêmes faits se reproduisent entre deux régions à inégale température.

3. Brise de terre et de mer. — Les vents dus à des causes accidentelles, variables d'un jour à l'autre, d'une contrée à l'autre, sont dits *vents irréguliers* ; ceux qui soufflent d'une manière constante ou par périodes régulières sont dits *vents réguliers*. Au nombre de ces derniers est la *brise*, qui pendant le jour souffle de la mer vers la terre, et pendant la nuit de la terre vers la mer. Ce vent, si remarquable par sa régularité, a pour cause l'inégale facilité avec laquelle la mer et le sol s'échauffent de jour et se refroidissent de nuit.

4. Vapeur atmosphérique. — L'atmosphère, dans ses couches inférieures, renferme toujours, en abondance variable, de la vapeur d'eau, fournie prin-

Fig. 33. — L'humidité de l'air se condense sur la carafe pleine de glace.

cipalement par l'évaporation continuelle que la chaleur du soleil provoque sur l'immense étendue des mers.

Exposée à l'air, une carafe pleine d'eau très fraîche et dont on a eu soin de bien

essuyer l'extérieur, se couvre rapidement, surtout en été, d'une couche d'humidité, qui en ternit la transparence et

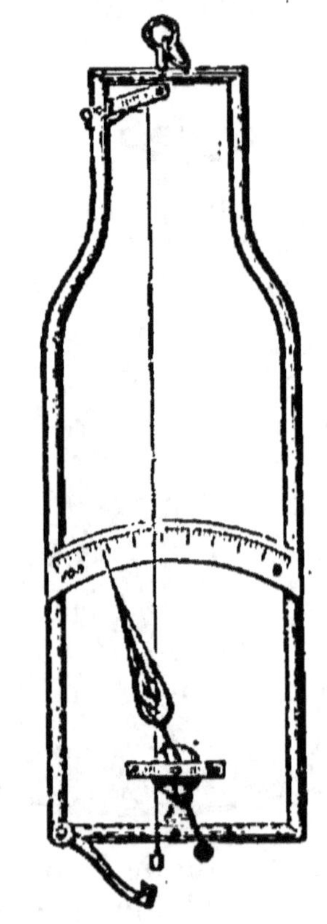

Fig. 34. — Hygromètre.

se convertit en gouttelettes ruisselantes.
Ces gouttelettes d'eau proviennent de la
vapeur contenue dans l'air, vapeur qui
se condense au contact de la carafe

froide. Si la carafe était pleine de glace pilée ou d'un mélange réfrigérant, l'expérience serait beaucoup plus frappante.

L'appareil usité pour mesurer le degré d'humidité de l'air se nomme *hygromètre*. Sa principale pièce est un long cheveu, qui s'allonge en temps humide et se raccourcit en temps sec. Au moyen de son inégalité de longueur selon l'état plus ou moins humide de l'air, ce cheveu met en mouvement une aiguille qui parcourt un arc convenablement gradué.

5. Brouillard et nuage. — En son état normal, la vapeur d'eau est invisible; mais lorsqu'un abaissement de température survient, elle éprouve un commencement de condensation et se résout en une fine poussière liquide, en une espèce de fumée visible, qui prend le nom de *brouillard* lorsque la condensation se fait au voisinage du sol, et le nom de *nuage* lorsque la condensation s'opère à une élévation plus ou moins grande dans l'atmosphère. Brouillard et nuage sont donc même chose, avec cette

Physique. 7

seule différence que le brouillard nous enveloppe, tandis que le nuage plane au-dessus de nos têtes.

6. Pluie. Serein. — S'il survient dans les nuages un refroidissement, leurs vapeurs se liquéfient et se résolvent en gouttes de pluie qui tombent par leur propre poids. D'abord fort petites, ces gouttes augmentent de volume en route, soit par la condensation de nouvelles quantités de vapeur à leur surface, soit par la réunion d'autres gouttes pareilles. Elles nous arrivent donc, en général, d'autant plus grosses qu'elles viennent de plus haut.

En été, surtout dans les vallées humides, il tombe quelquefois, un peu après le coucher du soleil et sans qu'il y ait de nuages au ciel, une petite pluie extrêmement fine appelée *serein*. Cette pluie résulte de la condensasion que la disparition du soleil provoque dans l'air de la vallée chargé d'humidité.

7. Neige. Grêle. — Lorsque le refroidissement de l'atmosphère est assez vif, les vapeurs se congèlent et se groupent en délicats cristaux dont la forme générale est celle d'étoiles à six pointes. Plusieurs de ces cristaux, confusément amoncelés, forment un flocon de neige.

Les vapeurs atmosphériques se con-

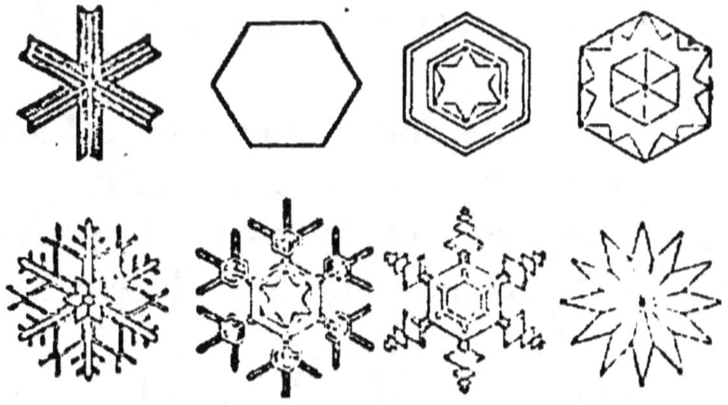

Fig. 35. — Formes diverses des cristaux de la neige.

densent d'autres fois en noyaux de glace durs et transparents, que l'on nomme *grêlons*. En général, les grêlons ont la grosseur d'un pois, au plus d'une noisette ; mais dans quelques cas, heureusement fort rares, ils atteignent la grosseur du poing. La chute de la grêle est presque toujours accompagnée du tonnerre.

8. Rosée. Givre. Verglas. — Au contact des corps refroidis pendant la nuit, la vapeur contenue dans l'air se condense et se résout en gouttelettes, comme elle le fait sur les flancs de la carafe pleine de glace pilée dans l'expérience que nous avons citée plus haut. Le résultat de cette condensation est la *rosée*.

Si le refroidissement nocturne est suffisant pour amener la congélation, la rosée se dépose sous la forme de petites aiguilles de glace, qu'on appelle *givre* ou *gelée blanche*.

Si, pendant une pluie fine, la température du sol est au-dessous du zéro thermométrique, la pluie se congèle en touchant la terre et couvre tous les objets et le sol lui-même d'un vernis de glace appelé *verglas*.

QUESTIONNAIRE

1. Qu'est-ce que le vent? — Quelle est sa principale cause?

2. Dites l'expérience de Franklin.

3. Qu'appelle-t-on vents réguliers et vents irréguliers ? — Qu'est-ce que la brise ?

4. Comment se prouve la présence des vapeurs dans l'air ? — D'où proviennent ces vapeurs ? — Qu'est-ce que l'hygromètre ?

5. Comment se forme le brouillard ? — Quelle différence y a-t-il entre le brouillard et le nuage ?

6. Quelle est l'origine de la pluie ? — Qu'est-ce que le serein ?

7. Comment se forme la neige ? — D'où provient la grêle ?

8. Quelle est l'origine de la rosée et du givre ? — Qu'est-ce que le verglas ?

CHAPITRE XIII

1. Force élastique des vapeurs. — A l'état de vapeur, l'eau occupe un espace environ 1,700 fois plus grand que celui qu'elle occupait à l'état liquide. Si donc, au lieu de se dégager librement, elle est retenue dans une enceinte trop étroite pour elle, la vapeur exerce sur les obstacles s'opposant à son expansion une violente poussée, appelée du nom de *force élastique*. Avec une puissance variable, pareille poussée se retrouve dans toute vapeur, quel que soit le liquide d'où elle provient.

2. Expérience. — Parmi les expériences à notre portée sur la force élastique de la vapeur d'eau, nous nous bornerons à la suivante, sans danger aucun.

Il doit passer entre nos mains certain

Fig. 36. — Le canon à vapeur, avec un porte-plume
et une tranche de pomme de terre.

porte-plume en métal composé de deux
parties s'emboîtant l'une dans l'autre.

A la plus courte s'adapte la plume. La seconde, beaucoup plus longue, est le manche et l'étui de l'outil à écrire. C'est un cylindre creux dans lequel se loge la plume quand elle ne sert plus. Prenons un de ces étuis et versons-y quelques gouttes d'eau. Puis, à travers une tranche de pomme de terre de l'épaisseur du doigt, faisons passer l'étui, l'ouverture la première. Le bord tranchant de l'orifice découpera une rondelle, qui restera dans l'étui et formera bouchon. Présentons maintenant le fond de l'étui à la flamme d'une bougie. Bientôt l'eau se met à bouillir, une petite explosion se fait entendre, et le bouchon est chassé à distance par la poussée de la vapeur, formée dans une enceinte close trop étroite pour elle. Ainsi la vapeur, prisonnière dans un espace insuffisant, où il s'en forme de plus en plus, s'accumule, se comprime et fait effort croissant pour se dégager, si bien qu'à la fin tout obstacle cède, si résistant qu'il soit.

3. Principe de la machine à va-

peur. — Imaginons notre cylindre de tantôt fermé des deux bouts, au lieu de l'être seulement à une extrémité, et supposons dans son intérieur un tampon qui divise l'étui en deux compartiments sans communication entre eux. Admettons en outre que, par des moyens dont les détails seraient ici hors de propos, de la vapeur puisse apparaître dans chacun des compartiments tour à tour, et disparaître en se dissipant au dehors dès qu'elle a agi sur le tampon. Que se passera-t-il dans l'engin ainsi disposé?

La vapeur apparue dans le compartiment de gauche chassera devant elle le tampon et le refoulera jusqu'à l'autre bout de l'étui. Cela fait, cette vapeur cessera d'agir, puisque nous admettons qu'elle s'écoule librement au dehors, ce qui lui fait perdre sa force. Mais à l'instant même de la vapeur apparaît avec toute sa puissance dans le compartiment de droite, réduit à sa moindre longueur par le déplacement du tampon. Celui-ci, que rien ne presse plus sur la face gauche, revient donc sur ses pas et gagne l'extrémité gauche du cylindre. Les mêmes faits se reproduisent dans le même ordre : la vapeur agissant et cessant d'agir à tour de rôle sur l'une et puis sur l'autre face du tampon, celui-ci est animé d'un mouvement continuel de va-et-vient qui lui fait parcourir la longueur de l'étui de droite à gauche et de gauche à droite alternativement.

4. Pièces fondamentales d'une machine à vapeur. — C'est exactement pareille machine que l'industrie réalise, dans de vastes proportions, pour en obtenir des effets d'une puissance presque sans limites. Elle remplace notre étui de porte-plume par un robuste cylindre de fer, nommé *corps de pompe,* capable de résister aux violences de la vapeur ; elle substitue à notre tampon de pomme de terre une épaisse rondelle de fer, appelée *piston*.

La vapeur ne se produit pas dans le corps de pompe ; elle y vient d'ailleurs toute formée. Elle arrive d'une *chaudière*

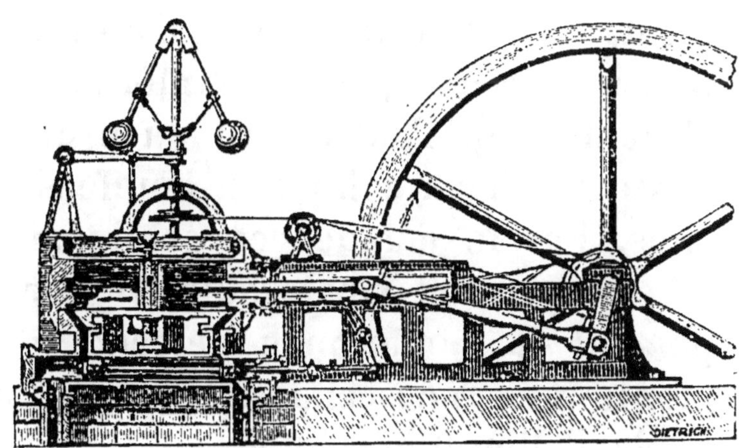

Fig. 37. — La machine à vapeur.

spéciale, sorte de colossale marmite de forme cylindrique, arrondie aux deux bouts et couchée tout de son long sur un foyer d'une ardeur extrême. Des soupapes habilement ménagées, des robinets qui s'ouvrent et se ferment d'eux-mêmes au moment opportun, la laissent pénétrer à tour de rôle dans les compartiments du corps de pompe; d'autres soupapes, après sa poussée tantôt sur l'une et tantôt sur l'autre face du piston, la laissent fuir au dehors en bouffées blanches. Par le jeu de ces combinaisons, le piston va et vient dans le corps de pompe, il monte puis descend, il remonte puis redescend; il alterne, infatigable, l'aller et le retour.

Le piston porte, soudée avec lui, une forte tige de fer qui sort du corps de pompe par une de ses extrémités, au moyen d'un orifice tout juste suffisant à son passage, afin que la vapeur ne puisse en même temps fuir par là. Obéissant au piston, qui l'entraîne dans un sens puis dans l'autre tour à tour, l'extrémité extérieure de cette tige avance et recule, va et revient, tire et pousse, de façon à mettre en branle soit une roue, soit une autre pièce du mécanisme. Voilà le mouvement communiqué à l'ensemble de la machine. L'élan alternatif du piston dans son cylindre met le tout en action. N'importe l'arrangement de ses rouages, n'importe le travail accompli, toute machine à vapeur possède une pièce fondamentale, toujours la même, sans laquelle rien ne marcherait. Cette pièce, âme pour ainsi dire de l'ensemble, c'est le piston oscillant dans son étui de fer.

5. La locomotive. — On appelle *locomotive* la machine à vapeur qui, sur les chemins de fer, entraîne à sa suite la file de voitures ou *wagons* composant un *train*. La majeure part en est formée d'une *chaudière* portée sur six roues. Le foyer se trouve en arrière. La flamme et la fumée qui s'en dégagent traversent l'eau de la chaudière par une centaine de tubes en cuivre et vont se rendre dans la cheminée placée en avant. Cette disposition a pour effet de mettre en contact avec l'eau une grande étendue de surface chauffée, afin de produire de la vapeur rapidement et en abondance.

De chaque côté de la chaudière se trouve un corps de pompe horizontal. La tige du piston est reliée par une *bielle* à un point de la grande roue voisine ou *roue motrice* et met celle-ci en rotation. Après avoir agi sur le piston, la vapeur s'élance dans la cheminée du foyer, et par son écoulement augmente beaucoup le tirage. La voiture qui vient immédiatement après la locomotive s'appelle le *tender*. Là se trouvent les provisions de charbon pour l'entretien du foyer, et la provision d'eau, qu'une pompe, mise en mouvement par la locomotive elle-même, injecte peu à peu dans la chaudière pour remplacer celle qui s'est vaporisée. Sur le tender se tiennent le *mécanicien*, qui surveille le jeu de la machine, et le *chauffeur*, qui entretient le foyer. Grâce aux barres de fer ou *rails* sur lesquelles roulent toutes les roues d'un train, une locomotive à voyageurs peut remorquer, à raison d'environ douze lieues par heure, un poids total de 150,000 kilogrammes ; une locomotive à marchandises, bien plus

Fig. 38. — La locomotive.

lourde, remorque, avec une vitesse de sept lieues à l'heure, un poids total de 650,000 kilogrammes.

6. Bateaux à vapeur. — Ces bateaux ont deux genres de propulseurs : les *roues à palettes* et l'*hélice*. Le propulseur est mû lui-même par une machine à vapeur installée dans le bateau. Les roues à palettes sont les premières en date. Elles consistent en deux grandes roues dont les

Fig. 39. — Roue à aubes d'un bateau à vapeur.

aubes viennent tour à tour choquer l'eau violemment et prendre ainsi appui sur le liquide pour pousser le bateau en avant.

Fig. 40. — Hélice.

L'hélice se compose de trois ou quatre ailes à surface courbe. Elle est complètement immergée dans l'eau et se trouve à l'arrière du bâtiment. A cause de la forme courbe de ses ailes, l'hélice, en tournant dans l'eau, se comporte à peu près comme un tire-bouchon qui tourne dans le liège. Le tire-bouchon progresse parce que sa lame spirale trouve appui dans la masse traversée ; de même l'hé-

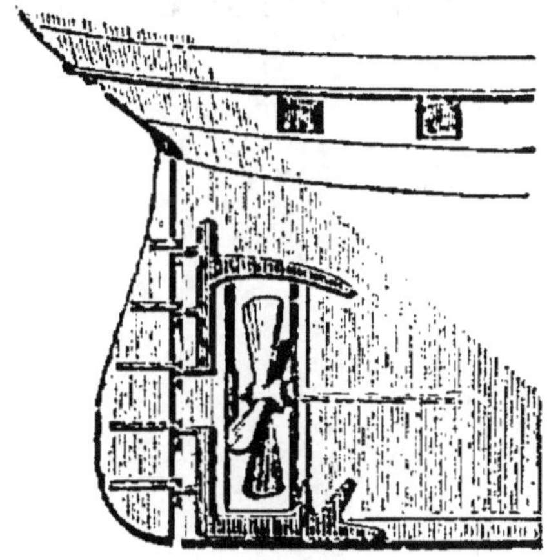

Fig. 41. — L'hélice, en entier plongée dans l'eau, tourne à l'arrière du bateau.

lice progresse et pousse le navire, en prenant appui sur l'eau violemment cho-quée.

QUESTIONNAIRE

1. Quel volume occupe la vapeur par rapport à l'eau d'où elle provient ? — Qu'appelle-t-on force élastique des vapeurs ?

2. Citez une expérience élémentaire sur la force de la vapeur.

3. Au moyen de cette expérience donnez une idée du mode d'action de la machine à vapeur.

4. Quelles sont les pièces fondamentales d'une machine à vapeur ?

5. Décrivez la locomotive.

6. Comment progresse un bateau à palettes ? — Comment progresse un bateau à hélice ?

L'ÉLECTRICITÉ

CHAPITRE XIV

NOTIONS SUR L'ÉLECTRICITÉ

1. Expériences élémentaires. — Si l'on frotte vivement sur du drap bien sec certains corps, comme une baguette de verre, un morceau de résine, un bâton de cire d'Espagne ou de soufre, ces corps acquièrent la propriété passagère d'attirer les fétus de paille, les parcelles de papier, les barbes de plume et autres menus objets. On donne le nom d'*électricité* à la cause de ces attractions; et l'on dit que les corps capables d'attirer à eux les objets légers qu'on leur présente sont *électrisés*.

Parmi les expériences élémentaires que

Fig. 42. — Électrisation de la feuille de papier.

l'on peut faire sur l'électricité sans le
secours des appareils d'un cabinet de

physique, il n'en est pas de plus frappante que celle-ci, dont le succès est assuré par un temps sec, surtout en hiver.

Plions en deux, dans le sens de sa lon-

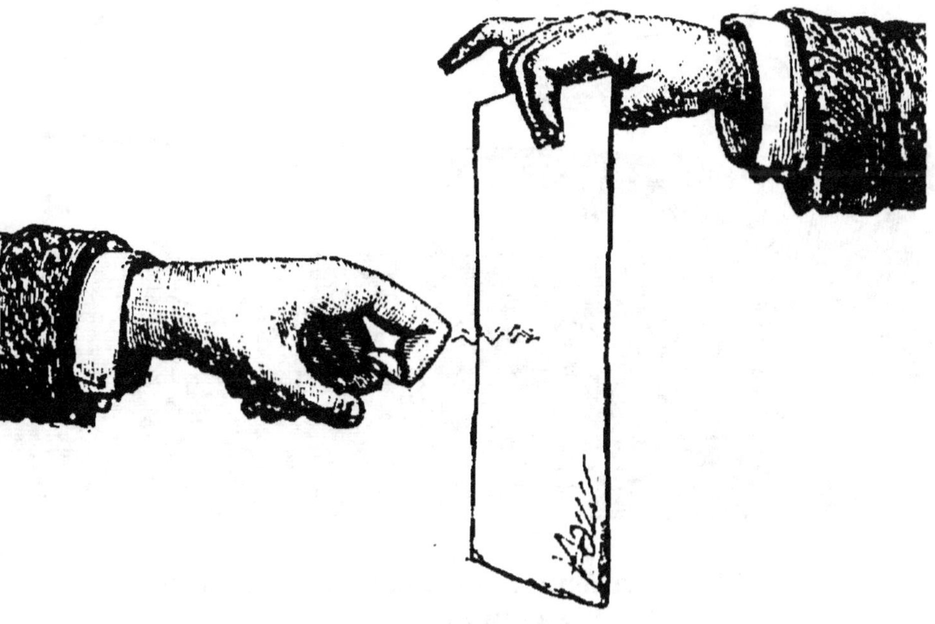

Fig. 43. — Comment on tire une étincelle de la feuille de papier électrisée.

gueur, une feuille de papier ordinaire et chauffons-la au-dessus d'un poêle ou devant un foyer. Tenant alors la bande rien que par les extrémités, frottons-la vivement, dès qu'elle est chaude, sur du drap également chaud et tendu sur le genou. Cette friction doit se faire avec rapidité dans le sens de la longueur de la bande. Après une courte friction, soulevons le papier brusquement, d'une

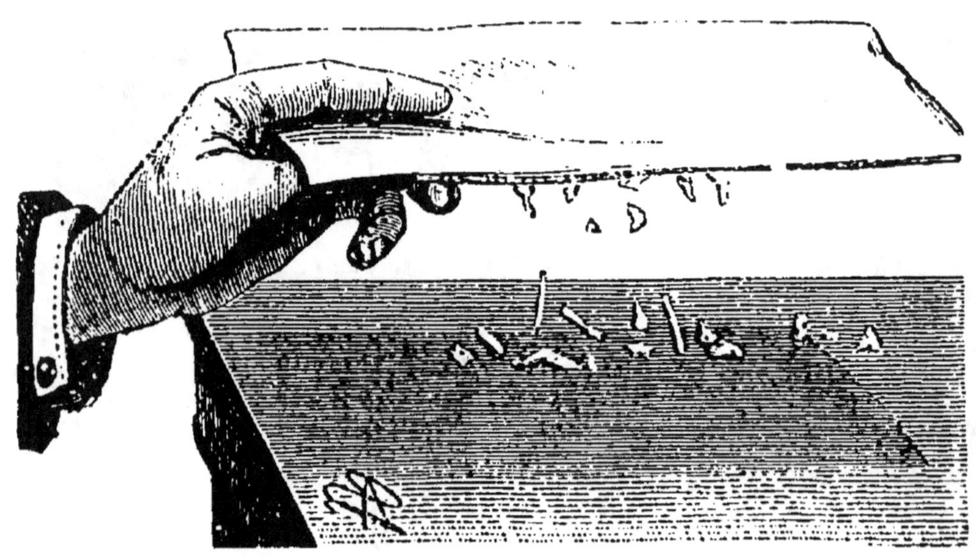

Fig. 41. — La feuille de papier électrisée attire les corps légers.

seule main, en ayant bien soin de ne pas le laisser toucher contre aucun objet, sinon l'électricité se dissiperait. Alors, sans tarder, retirons-nous dans un coin un peu obscur et approchons du centre de la bande l'articulation d'un doigt de

la main libre, ou mieux encore un objet
en métal, le bout d'une clef, par exemple :
nous verrons s'élancer entre le papier et
l'objet présenté une belle étincelle électrique, qui jaillit avec un léger pétillement. Pour en obtenir de nouvelles il
faut chaque fois recommencer la même
opération, car à l'approche du doigt ou
de la clef la feuille de papier perd en
entier son électricité.

Au lieu de faire jaillir l'étincelle, on
peut présenter à plat la feuille de papier
électrisée au-dessus de petites parcelles
de papier, de menus débris de paille, de
fragments de barbes de plumes. Ces corps
légers sont attirés et repoussés tour à
tour ; ils vont et viennent rapidement de
la bande de papier à la table qui leur sert
de support et de celle-ci à la bande. Mais
peu à peu l'électricité se dissipe, et alors
cessent les attractions et les répulsions.

Si en hiver, par un temps sec et froid,
on passe et repasse doucement la main
sur la fourrure d'un chat, de nombreuses
étincelles, semblables à des perles lumi-

neuses, ruissellent sur le poil de la bête ; de petits éclairs d'une lueur blanche jaillissent, pétillent et disparaissent à mesure que la main frictionne. Il y a encore ici apparition de l'électricité.

2. Corps bons conducteurs et corps mauvais conducteurs de l'électricité. — Tous les corps, quels qu'ils soient, peuvent s'électriser ; mais les uns permettent à l'électricité de se propager rapidement et de s'écouler dans le sol à mesure qu'elle se produit, tandis que les autres la conservent, la retiennent captive et l'empêchent de se dissiper dans le sol. Les premiers sont dits *bons conducteurs* de l'électricité ; les seconds, *mauvais conducteurs*. Les substances qui conduisent bien l'électricité sont d'abord les métaux, puis les liquides, l'eau en particulier. Le corps de l'homme et celui des animaux sont de bons conducteurs. Les substances qui la conduisent mal sont le verre, le soufre, la résine, la cire d'Espagne, la soie, l'air atmosphérique quand il est sec.

Un bon conducteur, une tige de métal par exemple, ne peut jamais s'électriser si l'on ne prend certaines précautions, parce qu'à mesure qu'elle se développe l'électricité se propage dans la main, le bras, le corps de l'expérimentateur et de là se perd dans la terre. Mais s'il est emmanché à l'extrémité d'un mauvais conducteur qui barre le passage à l'électricité, il s'électrise fort bien. Le verre, le soufre, la résine et tous les corps mauvais conducteurs s'électrisent, au contraire, directement, parce que l'électricité développée en un point s'y conserve sans pouvoir se transporter ailleurs. La charge électrique est même retenue avec tant de force par ces diverses substances, qu'à moins d'être considérable elle ne donne pas d'étincelle à l'approche du doigt. Le papier tient un rang intermédiaire entre la trop grande conductibilité des métaux et la trop faible conductibilité du verre. Aussi se laisse-t-il électriser, quoique tenu directement à la main, et permet-il à l'étincelle de jaillir quand le doigt est présenté à la partie frottée.

3. Deux espèces d'électricité. — La physique démontre qu'il existe deux espèces d'électricité, l'une appelée *vitrée* ou *positive*, l'autre *résineuse* ou *négative*. La première est identique à celle que le frottement développe sur le verre; la seconde, à celle que le frottement développe sur la résine. Ces deux électricités existent dans tous les corps, associées en quantités égales. Tant qu'elles sont réunies, rien n'en trahit la présence; elles sont comme si elles n'existaient pas. Mais, une fois séparées, elles se recherchent à travers tous les obstacles, s'attirent, se précipitent au-devant l'une de l'autre, avec explosion et jet de lumière. Puis tout rentre dans le repos jusqu'à ce que la séparation des deux principes ait lieu de nouveau.

Les deux électricités se complètent donc naturellement et se neutralisent, c'est-à-dire forment quelque chose d'invisible, d'inerte, d'inoffensif, qu'on trouve partout et qu'on nomme *électricité neutre*. Électriser un corps, c'est en décomposer l'électricité neutre, en désunir les deux principes, qui, mélangés, ne produisaient rien, mais qui, séparés l'un de l'autre, apparaissent avec leurs merveilleuses propriétés. Le frottement est un moyen, parmi bien d'autres, d'effectuer cette séparation.

QUESTIONNAIRE

1. Qu'observe-t-on avec le verre, la cire d'Espagne, le soufre, etc., convenablement frottés ? — Quelle expérience peut-on faire sur l'électricité avec une feuille de papier ? — Comment s'y prend-on pour faire jaillir une étincelle ? — Que présente de curieux la fourrure du chat ?

2. Qu'appelle-t-on corps bons conducteurs de l'électricité et corps mauvais conducteurs ? — Citez les principaux. — Pourquoi un bon conducteur tenu directement à la main ne peut-il s'électriser ?

3. Combien y a-t-il d'espèces d'électricité ? — Qu'est-ce que l'électricité neutre ? — Que se passe-t-il lorsqu'on électrise un corps ?

CHAPITRE XV

1. Machine électrique. — Pour obtenir des effets bien autrement puissants que ceux dont nous venons de parler dans le précédent chapitre, on fait usage de la *machine électrique,* composée d'un grand plateau de verre tournant entre deux paires de coussinets, et de deux cylindres en laiton ou *conducteurs* portés sur des pieds en verre. Le frottement du verre entre les coussins engendre l'électricité, qui s'accumule sur les deux conducteurs métalliques, retenue qu'elle est par les supports en verre, mauvais conducteurs qui l'empêchent de se dissiper dans le sol.

Si des conducteurs chargés on appro-

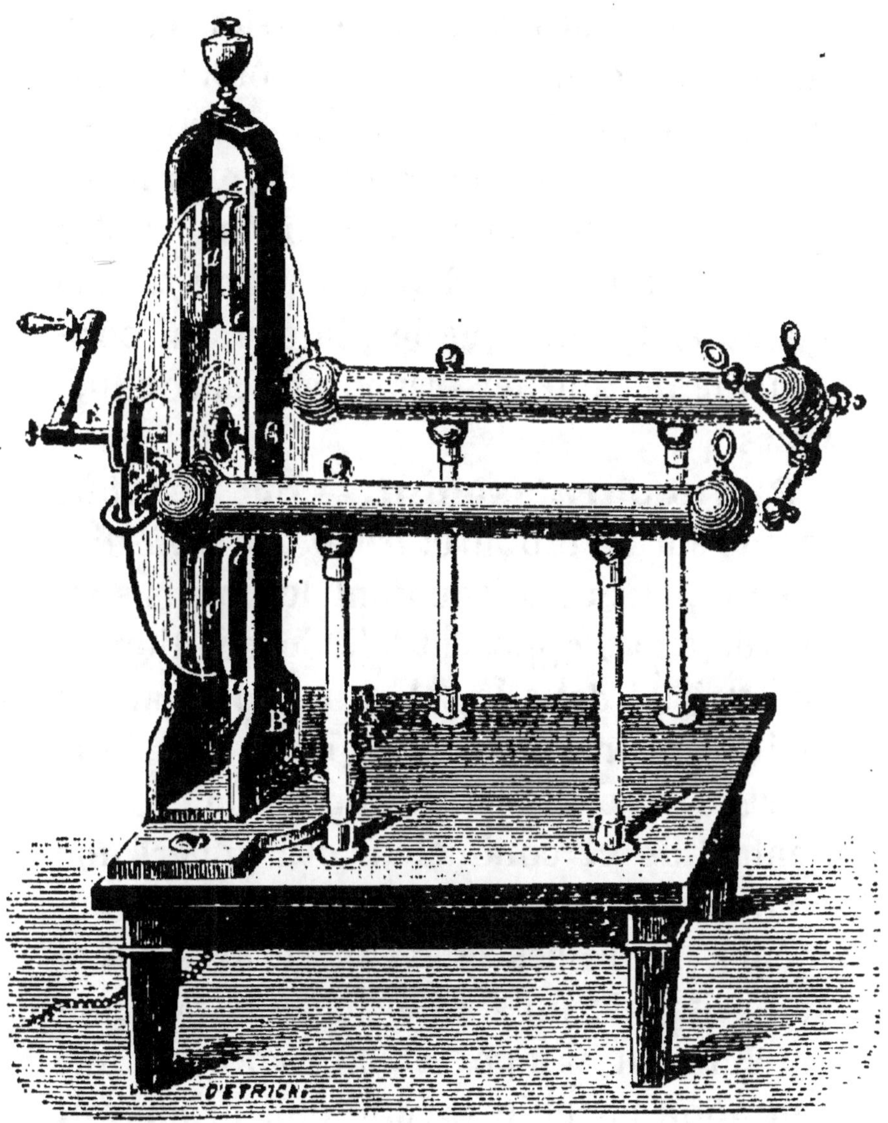

Fig. 15. — La machine électrique.

che, à quelques pouces de distance, l'articulation d'un doigt, aussitôt un trait lumineux et sinueux jaillit avec pétillement et fait éprouver à la main un brusque et douloureux picotement. Cette étincelle est suivie d'autres pareilles, indéfiniment, tant que le plateau, en continuant de tourner, recharge les conducteurs.

2. Tabouret isolant. — Une personne monte sur un tabouret *isolant*, c'est-à-dire sur un petit escabeau dont les pieds sont en verre et s'opposent à la déperdition de l'électricité dans le sol. En appliquant la main sur un conducteur de la machine électrique, elle devient comme le prolongement de ce conducteur et acquiert une charge égale à celle de la machine elle-même. Alors ses cheveux se dressent et se hérissent; un souffle léger paraît courir sur son visage, et elle éprouve une sensation pareille à celle que produirait le frôlement d'une toile d'arraigée. A l'approche d'un objet bon conducteur, la personne électrisée fournit des étincelles par tous les points du corps; du bout du doigt, elle peut mettre le feu aux vapeurs très inflammables de l'alcool et de l'éther.

3. Bouteille de Leyde. — Si l'on veut accumuler l'électricité en quantité plus

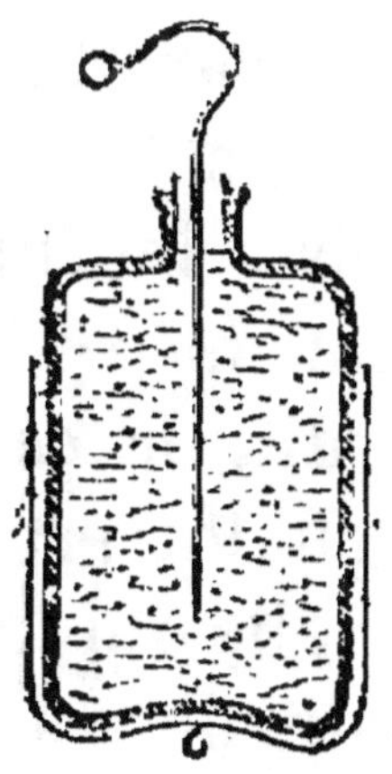

Fig. 46. — Bouteille de Leyde.

grande, on fait emploi de la *bouteille de Leyde,* flacon en verre mince tapissé à l'extérieur d'étain et rempli de feuilles d'or. En outre, une tige métallique plonge à l'intérieur. Cette tige et les feuilles d'or constituent l'*armature intérieure;* l'enveloppe d'étain constitue l'*armature extérieure.* Quand la bouteille est chargée d'électricité, si on la prend par son armature extérieure d'une main et qu'on touche de l'autre la tige de l'armature intérieure, une vive étincelle jaillit, accompagnée d'un craquement sec. En même temps on éprouve une brutale secousse instantanée, qui se fait principalement ressentir aux articulations des poignets, des bras et jusque dans la poitrine.

La commotion peut être ressentie à la fois par une série indéfinie de personnes. Elles se prennent par la main ; elles font, comme on dit, la *chaîne*. Celle qui est en tête de la chaîne prend la bouteille par la panse, et celle qui la termine vient présenter sa main libre à l'armature intérieure. Toutes les personnes éprouvent au même instant la commotion, seraient-elles au nombre de plusieurs centaines.

4. Batterie électrique. — C'est un assemblage de grandes bouteilles de Leyde dont toutes les armatures extérieures sont en communication entre elles par des conducteurs de métal, ainsi que les armatures intérieures. La décharge de cette batterie est redoutable et peut instantanément tuer un animal, un bœuf même, si l'appareil est à grande surface.

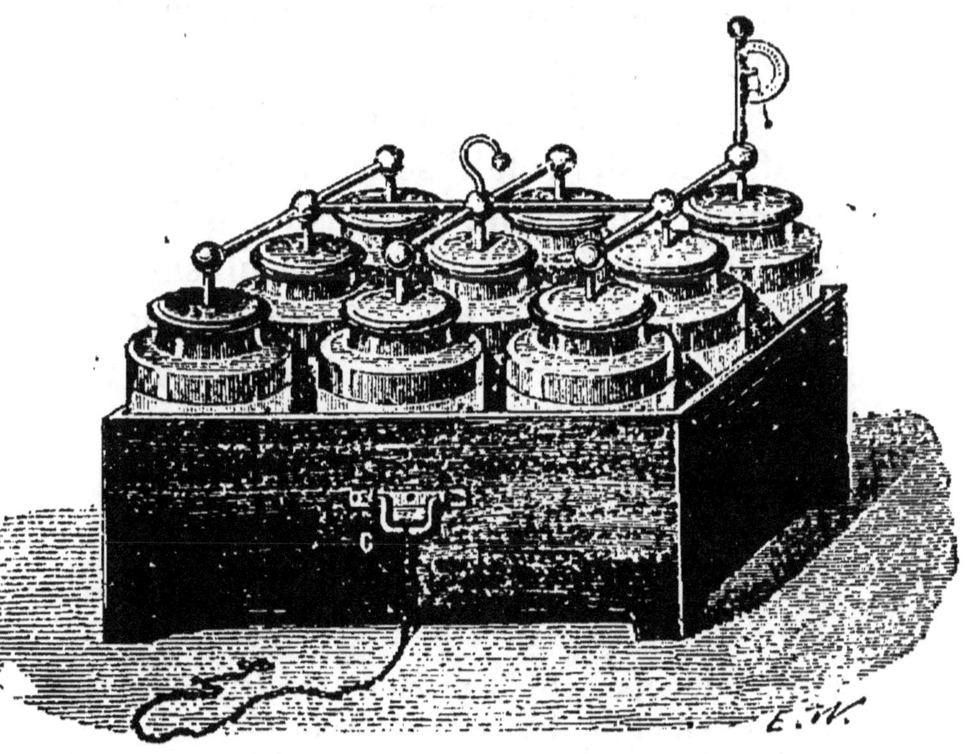

Fig. 17. — Batterie électrique.

Si l'on fait passer la décharge de la batterie dans un fil métallique très fin, ce fil est porté au rouge, ou même fondu, volatilisé. Avec un fil de soie doré, l'enveloppe métallique est volatilisée par la décharge, tandis que la soie, mauvais conducteur, n'éprouve aucune altération, malgré la chaleur excessive que suppose la réduction de l'or en vapeur. La même décharge peut faire éclater en fragments un morceau de bois.

D'une manière générale, l'électricité échauffe, fond, volatilise les corps bons conducteurs de petite dimension qui ne lui présentent qu'un passage insuffisant; elle laisse intacts les corps bons conducteurs qui lui fournissent un passage libre; elle brise, déchire, perce, fait éclater les corps mauvais conducteurs.

QUESTIONNAIRE

1. En quoi consiste la machine électrique? — Comment en obtient-on des étincelles?

2. Qu'est-ce qu'un tabouret isolant? — Comment électrise-t-on une personne? — Qu'éprouve la personne électrisée? — Quels effets peut-elle produire?

3. Comment est construite la bouteille de Leyde? — De quelle façon faut-il s'y prendre pour éprouver la commotion électrique?

4. En quoi consiste une batterie électrique? — Dites quelques effets de cette batterie. — Quels sont en général les effets de l'électricité?

CHAPITRE XVI

FOUDRE. — PARATONNERRE.

1. Franklin et de Romas. — La forme sinueuse de l'étincelle électrique, sa rapide propagation, son éclat, le craquement qui l'accompagne, son action meurtrière sur les animaux, sa propriété de fondre et de volatiliser les métaux, de mettre le feu aux substances inflammables, de briser, déchirer les corps mauvais conducteurs, de provoquer de violentes commotions, etc., ont avec la manière d'agir de la foudre des analogies trop manifestes pour avoir échappé aux premiers observateurs. Toutefois, la démonstration de l'identité parfaite entre la foudre et l'étincelle électrique est due à Franklin et à de Romas, qui, le premier aux États-Unis, le second en France, obtinrent des étincelles et même des lames de feu de plusieurs mètres de longueur, de la corde d'un cerf-volant lancé vers un nuage orageux.

2. Électricité des nuages. — Le frottement est loin d'être la seule cause capable de développer de l'électricité. Tout changement qui survient dans la nature intime d'un corps en développe aussi. Or, de toutes les modifications sans cesse effectuées dans les diverses substances de notre globe, la plus importante, à cause de son immense étendue, est celle qui consiste dans le passage des eaux de la surface de la mer à l'état de vapeurs sous l'influence de la chaleur du soleil. De cette évaporation continuelle résultent les nuages, les uns chargés d'électricité vitrée, les autres d'électricité résineuse.

3. La foudre, l'éclair, le tonnerre. — Lorsque deux nuages électrisés différemment viennent à se trouver en présence, aussitôt les deux électricités contraires accourent pour se recombiner, et jaillissent avec fracas sous forme d'un trait de feu, sinueux, ramifié et plus ou moins long, qui jette une vive et subite lueur. Cette lueur, c'est l'*éclair*; ce trait de feu, c'est la *foudre*. Le bruit éclatant, le roulement formidable produit par l'explosion électrique, c'est le *tonnerre*.

D'autres fois encore, la foudre jaillit entre un nuage et la terre. Le nuage fournit une électricité, le point frappé du sol fournit l'autre. La foudre est donc une immense étincelle électrique éclatant soit entre deux nuages, soit entre un nuage et le sol différemment électrisés. Le tonnerre est le bruit de l'explosion des deux électricités se recombinant, l'éclair est la lumière jaillissant du trait de feu.

4. Danger de se réfugier sous un arbre pendant un orage. — La foudre frappe de préférence les points les plus saillants du sol, parce que c'est là que l'électricité contraire se porte en plus grande abondance, pour se rapprocher du nuage orageux qui l'attire. Les édifices élevés sont, dans nos villes et nos villages, les points les plus exposés au feu du ciel. En rase campagne, il serait très imprudent, pendant un orage, de chercher un refuge contre la pluie sous un arbre, surtout s'il est grand et isolé. Si la foudre doit tomber aux environs, ce sera certainement sur cet arbre, qui forme le point culminant du sol. Les tristes exemples de personnes foudroyées qu'on déplore chaque année se rapportent en majeure partie à de malheureux imprudents abrités de la pluie sous de grands arbres.

5. Effets de la foudre. — La foudre produit, avec une terrible intensité, les mêmes effets que l'étincelle électrique. Elle renverse, brise, déchire les corps mauvais conducteurs; elle rougit, fond, volatilise les métaux; elle enflamme les amas de matières combustibles; elle fait éprouver à l'homme et aux animaux des commotions mortelles. Aux points atteints par la foudre on ne retrouve rien de ce qu'on dit vulgairement. Les prétendues pierres et le souffre enflammé dont on parle souvent n'ont aucune réalité. La foudre ne laisse d'autres traces de son passage que les dégâts qu'elle cause et une assez forte odeur provenant de l'air électrisé sur le passage du trait de feu. Cette odeur rappelle un peu celle du soufre.

6. Expérience sur l'effet des pointes. — A une feuille de papier électrisée comme nous l'avons dit, présentons, mais à quelque distance, une pointe métallique, une aiguille, par exemple. Cela fait, approchons du papier l'articulation du doigt. Nous devrions nous attendre à une étincelle. Eh bien, maintenant rien de pareil n'a lieu : la feuille se trouve déchargée ; elle est incapable de fournir la moindre lueur électrique. Et cela arrive uniquement parce qu'on lui a présenté au préalable la pointe d'une aiguille. L'approche de cette pointe, pendant un court instant, a suffi pour dissiper l'électricité dont le papier était d'abord chargé. Pour expliquer ce fait si curieux, la science a reconnu qu'une pointe métallique présentée à distance à un objet électrisé re-

Fig. 48. — L'approche d'une pointe fait perdre
son électricité à la feuille de papier.

produit de l'électricité neutre, désormais
inerte.

7. Paratonnerre. — C'est une forte tige de fer pointue, longue de 5 à 10 mètres, implantée au sommet de l'édifice qu'il s'agit de protéger. Une tringle en fer, qui prend le nom de conducteur, part du pied de cette tige, longe le toit et les murs, auxquels elle est fixée par des crampons, et va se rendre, à une assez grande profondeur, dans un sol humide ou dans un puits, où elle se ramifie en plusieurs branches.

Supposons maintenant qu'un nuage orageux vienne à passer à proximité de l'édifice. Qu'adviendra-t-il avec le paratonnerre ? Exactement ce que nous a montré notre modeste expérience. Le nuage orageux est en grand la bande de papier avec sa charge électrique ; la barre de fer pointue est l'aiguille. Ce nuage, planant au-dessus du paratonnerre, perdra donc son pouvoir foudroyant et deviendra inoffensif, de la même façon que le papier perd sa charge et revient à l'état neutre en face de l'aiguille. Emporté par le vent, il passera outre sans explosion. A notre insu, tout pacifiquement,

Fig. 49. — Le paratonnerre.

sans fracas, la longue barre de fer aura préservé l'édifice de la foudre.

C'est ainsi que les choses se passent

habituellement. Mais il peut se faire que la charge électrique du nuage soit trop forte pour que la pointe du paratonnerre puisse la neutraliser à temps. Alors la foudre tombe sur le paratonnerre, comme étant l'objet le plus rapproché du nuage. De plus, la dangereuse étincelle suit le conducteur en fer, parce que de toutes les matières ce sont les métaux qui fournissent à l'électricité la voie la plus facile. La foudre est ainsi conduite dans les eaux d'un puits, où elle se dissipe sans produire de dégâts.

QUESTIONNAIRE

1. A qui doit-on la preuve de l'identité entre la foudre et l'étincelle électrique ?

2. Comment les nuages peuvent-ils se trouver électrisés ?

3. Qu'est-ce que la foudre ? — D'où proviennent l'éclair et le tonnerre ?

4. Quelle précaution faut-il prendre en rase campagne pendant un orage ?

5. Dites les principaux effets de la foudre.

6. De quelle manière très simple peut-on démontrer l'action des pointes sur les corps électrisés ?

7. En quoi consiste un paratonnerre ? — Comment agit-il ?

CHAPITRE XVII

MAGNÉTISME. — AIMANT. — BOUSSOLE.

1. Aimant naturel. — On connaît depuis très longtemps un minerai de fer, sorte de pierre noire, qui possède la propriété d'attirer le fer. Ce minerai s'appelle *aimant*. Les anciens le retiraient du voisinage d'une ville nommée Magnésie. De ce nom sont venues les expressions de *magnétisme, magnétique,* pour désigner les propriétés relatives à l'aimant. Rarement aujourd'hui on a recours à l'aimant naturel, parce qu'il est très facile de développer de semblables propriétés dans l'acier. On obtient ainsi ce qu'on nomme *aimant artificiel.*

2. Aimant artificiel. — Pour obtenir un aimant artificiel, il suffit de frotter un petit barreau d'acier avec un autre aimant, quel qu'il soit. La friction doit se faire à diverses reprises, toujours dans le même sens et avec l'une ou l'autre des extrémités de l'aimant. Cela fait, le barreau frictionné possède toutes les propriétés de l'aimant avec lequel on l'a frotté. Tantôt le barreau d'acier aimanté est droit, tantôt il est recourbé en forme de fer à cheval ; mais cette configuration différente ne change rien aux propriétés.

3. Propriétés de l'aimant. — Présentons l'une ou l'autre des extrémités d'un barreau aimanté à de petits morceaux d'acier ou de fer, aiguilles ou clous ; nous verrons ces objets se précipiter sur l'extrémité de l'aimant et y adhérer assez pour qu'on puisse soulever le tout sans qu'ils se détachent. Il y a plus : une première aiguille soulevée en attirera une seconde appendue à la précédente par son bout ; cette seconde en attirera de même une troisième, et ainsi de suite, plus ou moins, suivant la force de l'aimant. Cette attraction ne s'exerce que sur le fer et l'acier, lui-même variété de fer; elle n'a pas lieu sur n'importe quel autre métal ou objet quelconque.

4. Pôles d'un aimant. — C'est aux deux extrémités du barreau aimanté que la propriété d'attirer le fer est le plus forte.

Fig. 50 et 51. — C'est aux deux extrémités ou pôles de l'aimant que s'attache la limaille de fer.

A partir de là elle diminue rapidement, et au milieu du barreau elle est nulle. Roulons dans la limaille de fer un aimant, soit droit, soit courbe, peu importe. Nous verrons la limaille se grouper en filaments hérissés autour des deux extrémités, diminuer rapidement à partir de ces deux points et manquer totalement au milieu du barreau. Tous les points de l'aimant ne possèdent donc pas au même degré la propriété magnétique. Aux deux extrémités du barreau, extrémités nommées *pôles de l'aimant*, cette propriété atteint sa plus grande puissance ; elle est nulle au milieu du barreau, milieu nommé pour ce motif *ligne neutre.*

5. Direction d'un aimant librement suspendu. — Par la friction avec un aimant, communiquons la propriété magnétique à un fragment d'aiguille à tricoter long de deux à trois pouces. Attachons ce petit barreau aimanté exactement par le milieu, avec un fil non tordu, par exemple avec le fil délicat d'un cocon. Enfin fixons le fil à un support quelconque. Le petit aimant obtenu avec le tronçon d'aiguille aura de la sorte la liberté de se mouvoir dans tous les sens, puisque le fil délié qui le soutient, n'étant pas tordu, ne lui oppose aucune résistance.

Or, dans ces conditions, nous constaterons que, de lui-même, l'aimant prend une direction invariable, à peu près celle du nord au sud ; une extrémité, un pôle, toujours le même, se dirige vers le nord ;

l'autre extrémité, toujours la même, se dirige vers le sud. Si nous dérangeons l'aiguille de cette position, elle y revient après avoir oscillé un peu à droite et un peu à gauche ; et toujours la même extrémité fait face au nord, la même extrémité fait face au sud. L'extrémité qui se tourne vers le nord s'appelle *pôle austral* de l'aimant ; celle qui se tourne vers le sud s'appelle *pôle boréal*. Ces dénominations sont les contraires de celles des pôles géographiques de la terre dont l'aiguille prend l'alignement.

6. Les pôles de nom contraire s'attirent, les pôles de même nom se repoussent. — Avec deux tronçons d'aiguille à tricoter préparons deux aimants comme il vient d'être dit. En les suspendant à un fil de cocon non tordu, reconnaissons d'abord sur chaque aimant le pôle austral ou celui qui se tourne vers le nord, et le pôle boréal ou celui qui se tourne vers le sud. Cela fait, laissons un des aimants suspendu et prenons l'autre du bout des doigts. Si nous mettons en présence deux pôles de même nom, boréal et boréal, ou bien austral et austral, il y a répulsion : l'aimant mobile fuit devant celui qu'on lui présente. Mais si les pôles mis en face sont de nom contraire, austral et boréal, il y a attraction : l'ai-

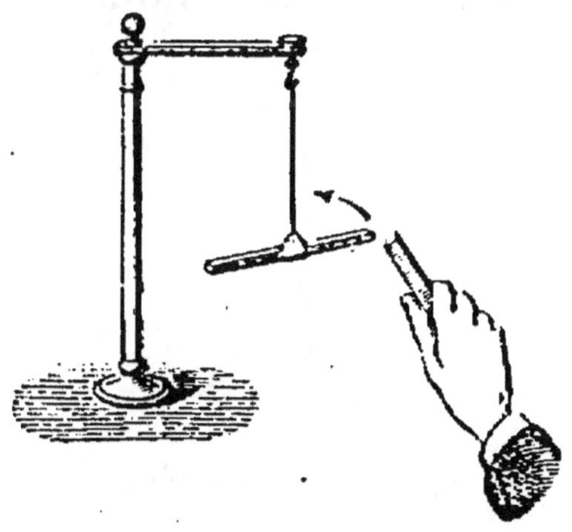

Fig. 52. — Les pôles de même nom se repoussent.

mant mobile vient appliquer son extrémité sur celle de l'aimant tenu à la main.

7. Boussole. — Une *boussole* est une légère aiguille d'acier aimanté qui peut tourner librement sur la pointe d'un pivot vertical au moyen d'une petite cavité creusée en son milieu. Abandonnée à elle-même, cette aiguille prend toujours la même direction, à peu près la direction nord-sud; et, de plus, c'est la même pointe qui toujours se dirige vers le nord. En somme, la boussole répète ce que vient de nous montrer l'aiguille aimantée suspendue à un fil. En leur indiquant sans cesse un alignement invariable, la bous-

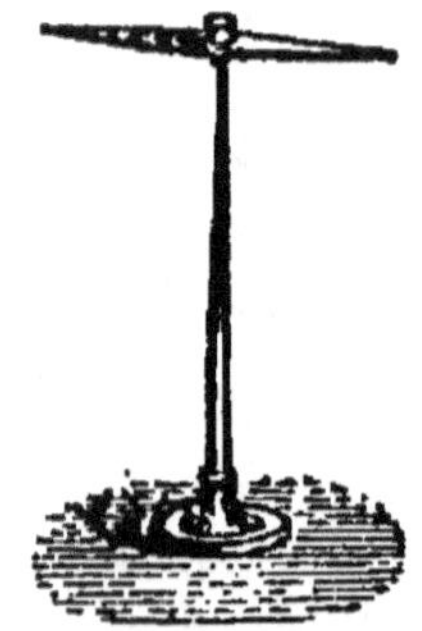

Fig. 53. — Boussole.

sole guide les marins sur les solitudes des mers.

8. Différence du fer et de l'acier sous le rapport du magnétisme. — Le fer et l'acier sont tous les deux aptes à s'aimanter; mais l'acier conserve l'aimantation une fois acquise, tandis que le fer la perd aussitôt que cesse l'influence de l'aimant ou des autres causes qui peuvent provoquer le magnétisme. Nous retrouverons bientôt, notamment dans la télégraphie électrique, des applications bien importantes de ce fait.

QUESTIONNAIRE

1. Qu'est-ce que l'aimant naturel ? — D'où provient l'expression de magnétisme ?

2. Comment obtient-on un aimant artificiel ?

3. Quelles sont les propriétés de l'aimant ?

4. Qu'appelle-t-on pôles d'un aimant ?

5. Quelle direction prend un aimant librement suspendu ? — Au moyen de quelles expériences constate-t-on cette direction ? — Quels noms portent les pôles d'un aimant ?

6. Comment se comportent entre eux les pôles de deux aimants ?

7. En quoi consiste la boussole ?

8. Quelle différence y a-t-il entre l'acier et le fer sous le rapport du magnétisme ?

CHAPITRE XVIII

1. La pile. — Toute modification profonde qui survient dans la matière est accompagnée d'un dégagement d'électricité; telle est en particulier la dissolution chimique d'un métal dans un acide.

Un bocal en verre contient un mélange de beaucoup d'eau et d'un peu d'acide sulfurique ou huile de vitriol, liquide redoutable qui corrode et dissout certains métaux. Dans ce mélange plonge une lame de zinc, aussitôt violemment rongée par l'acide. En face de la lame de zinc, et sans la toucher en aucun point, plonge une lame de cuivre, métal non attaqué par l'acide. Dans ces conditions, par l'effet de la corrosion du zinc, les deux électricités de nom contraire sont mises en liberté : le zinc prend l'électricité résineuse ou négative, le cuivre prend l'électricité vitrée ou positive.

On dispose plusieurs bocaux de la même

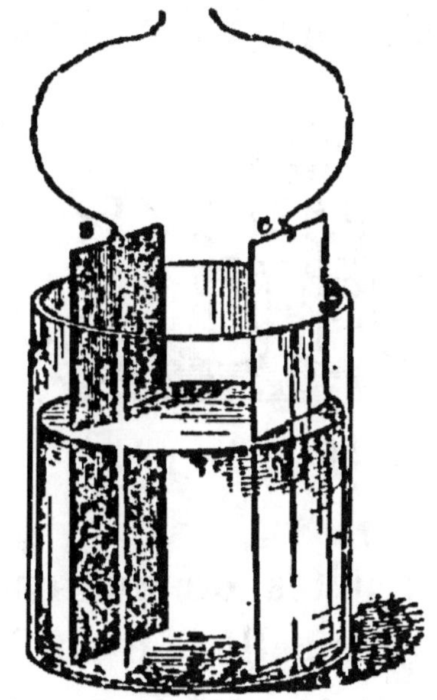

Fig. 51. — Un élément de la pile.

manière, puis on les range, à la file l'un de l'autre, en ayant soin de faire communiquer la lame de cuivre du premier bocal avec la lame de zinc du second, et ainsi de suite sans jamais intervertir l'ordre des communications. L'appareil ainsi construit se nomme *pile*. Les deux extrémités, terminées l'une par un zinc, l'autrè par un cuivre, s'appellent les *pôles de la pile*. Le pôle cuivre est le *pôle positif* : là se rend l'électricité positive; le pôle zinc est le *pôle négatif* : là se rend l'électricité négative. Pour mettre

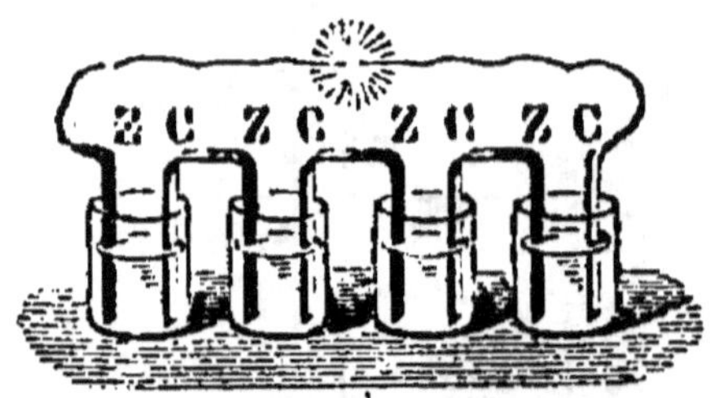

Fig. 55. — La pile.

les deux électricités en évidence et les faire jaillir en étincelles, il suffit de leur offrir une voie qui leur permette de se porter à la rencontre l'une de l'autre et de se recombiner. A cet effet, un fil-métallique, en cuivre de préférence, est fixé par une extrémité à chacun des deux pôles de la pile.

2. Effets de la pile. — La pile est une sorte de machine électrique qui se recharge d'elle-même à mesure qu'elle se décharge; c'est une source continue d'électricité. Elle donne des étincelles; elle rougit, fond, volatilise les métaux; elle provoque des commotions; enfin elle reproduit, mais avec continuité, les divers faits que l'on obtient avec la machine électrique. Si, par exemple, on touche à la fois les deux pôles des deux mains, les deux électricités se recombinent à travers les corps et suscitent des commotions continues. Avec une pile faible, on éprouve un simple frémissement dans les doigts; mais avec une pile puissante, composée de nombreux bocaux ou *éléments*, les articulations sont rudement ébranlées, des secousses douloureuses traversent la poitrine, des convulsions désordonnées tordent les bras. Si la pile est de quelques centaines d'éléments, la commotion est très dangereuse et peut terrasser la personne la plus robuste.

3. Électro-aimant. — Sur un cylindre de fer ordinaire courbé en forme de fer à cheval s'enroule à tours pressés un fil de cuivre couvert de soie, matière non conductrice de l'électricité. L'appareil ainsi construit se nomme *électro-aimant*.

Dans ces conditions, l'appareil est-il un aimant ? — Non : en l'état actuel, il

Fig. 56. — L'électro-aimant.

ne peut attirer à lui la moindre parcelle de fer. Mais si l'on met l'un des bouts libres du fil de cuivre en rapport avec un pôle d'une pile, et l'autre bout en rapport avec le second pôle, aussitôt le fer devient un aimant d'une puissance énorme ; il attire à lui et retient avec force les morceaux de fer qu'on lui présente, en un mot il *s'aimante*. L'expérience se fait avec une pièce de fer ou *armature* munie d'un crochet auquel on suspend les premiers objets venus, et le tout reste attaché au fer à cheval par l'attraction exercée sur l'armature, le poids serait-il de dix, de cent, de mille kilogrammes, suivant la puissance de la pile.

Si l'on détache un bout de fil, un seul, du pôle où il était fixé, aussitôt le poids soulevé retombe; l'appareil n'est plus un aimant; il n'est qu'un morceau de fer sans action. Si ce bout est remis en contact avec le pôle, l'aimantation reparaît, le fer à cheval attire l'armature avec la même énergie que tout à l'heure; mais il redevient incapable de l'attirer si le fil est de nouveau détaché du pôle.

4. Conditions pour que l'électro-aimant agisse ou cesse d'agir. — Précisons mieux les détails de cette expérience fondamentale. Supposons les deux bouts du fil de cuivre en rapport chacun avec l'un des pôles d'une pile. Remarquons que, dans ces conditions, le fil part d'un pôle, se rend au fer à cheval, sur lequel il s'enroule à de nombreuses reprises, et revient au second pôle de la pile, sans aucune interruption dans tout le trajet. Il est alors évident que les deux électricités de la pile, ayant devant elles un passage libre, c'est-à-dire un bon conducteur, parcourent le fil dans toute sa longueur pour se recombiner. On dit alors que le *courant électrique est établi*. Le mot courant fait allusion aux deux électricités accourant l'une au-devant de l'autre. On voit maintenant le rôle de l'enveloppe en soie qui revêt le fil de cuivre. La soie est mauvais conducteur ; elle empêche donc l'électricité de se porter du fil de cuivre sur le fer ; elle l'oblige à suivre ce fil dans tous ses circuits, et à le parcourir dans toute sa longueur sans se porter d'un point à un autre, au hasard.

C'est au moment où le courant est établi, au moment ou l'électricité parcourt le fil de cuivre, que le fer à cheval devient aimant. Tant que le courant électrique passe, l'aimantation persiste ; mais si le fil conducteur vient à être coupé quelque part, l'électricité ne peut plus circuler ; *le courant est interrompu*, et le fer à cheval perd subitement sa puissance. Couper le fil n'est pas nécessaire : il suffit de détacher de la pile, l'un de ses bouts et aussitôt l'électricité ne trouve plus de passage. Résumons ces détails ainsi : l'électro-aimant s'aimante et attire son armature de fer tant que le courant passe ; il se désaimante dès que le courant ne passe plus.

QUESTIONNAIRE

1. De quoi se compose essentiellement une pile ? — Qu'appelle-t-on pôles de la pile ? — Où est le pôle positif ? — Où est le pôle négatif ?

2. Citez quelques effets de la pile.

3. En quoi consiste un électro-aimant ? — Quelle est sa puissance ?

4. Dans quelles conditions l'électro-aimant agit-il ou cesse-t-il d'agir ?

CHAPITRE XIX

TÉLÉGRAPHIE ÉLECTRIQUE. — ÉCLAIRAGE
ÉLECTRIQUE. — GALVANOPLASTIE.

1. Vitesse de l'électricité. — Dans
un fil bon conducteur, un fil métallique,
l'électricité se propage avec une inconcevable vitesse : pour parcourir un fil enroulé une douzaine de fois autour du
globe terrestre il lui faudrait une seconde, cette portion de temps si minime
qu'elle passe inaperçue pour nous. C'est
pareille vitesse que la science a mise à
notre service dans la télégraphie électrique, l'une des plus belles applications
de l'électro-aimant.

**2. Principe de la télégraphie
électrique.** — Faisons la supposition
que voici : imaginons la pile à Marseille

et l'électro-aimant à Paris. Le fil métallique qui les relie traverse par deux fois la France : en allant de la pile à l'électro-aimant, et en revenant de l'électro-aimant à la pile. Disposons l'électro-aimant les deux branches en haut, et au-dessus de ses branches suspendons

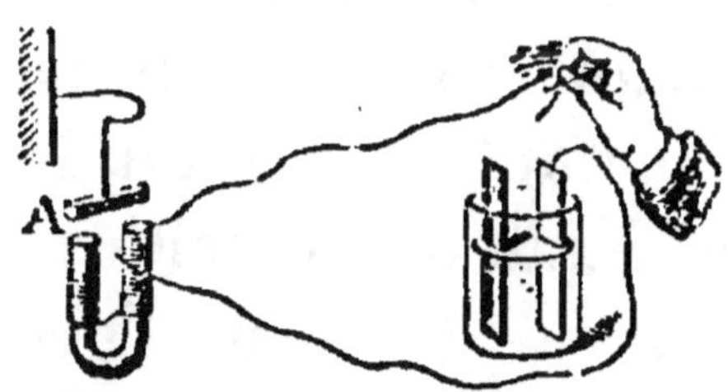

Fig. 57. — L'armature A est attirée par l'électro-aimant quand le courant passe; elle cesse d'être attirée quand le courant ne passe plus.

une petite plaque de fer, une *armature*, soutenue à une faible distance par un ressort en spirale. Une personne qui, à Marseille, tiendra à la main un des bouts du fil, tandis que l'autre bout restera constamment fixé à l'un des pôles, pourra, tour à tour, établir ou interrompre le courant, en appliquant ou en soulevant le bout mobile du fil sur le second pôle de la pile.

Physique.

Que se passera-t-il à Paris? — Les deux appareils, électro-aimant et pile, étant séparés par une immense longueur, il se passera exactement la même chose que s'ils étaient placés sur la même table. A cause de l'excessive rapidité de propagation de l'électricité, à l'instant même où le courant sera établi à Marseille, l'électro-aimant attirera son armature à Paris; à l'instant même où le courant sera interrompu à Marseille, l'électro-aimant cessera d'attirer l'armature à Paris, et cette armature sera soulevée par le petit ressort.

Si par deux, trois, quatre fois, on établit et on interrompt le courant à Marseille, l'armature sera attirée à Paris ce même nombre de fois, ce qui produira deux, trois, quatre chocs rapides. Donnons à un choc la valeur de la lettre A, à deux celle de B, à trois celle de C, et ainsi de suite; nous aurons ainsi un alphabet de convention propre à traduire le discours le plus complexe, à n'importe quelle distance.

3. Appareils télégraphiques. — Semblable alphabet serait trop lent, à cause de la multiplicité des allées et des venues de l'armature pour représenter telle ou telle autre lettre ; aussi a-t-on recours à d'autres moyens plus expéditifs. Dans le télégraphe habituellement employé, une pointe métallique mue par le courant trace, sur une bandelette de papier qui se déroule, des points et des traits longs dont l'association représente telle ou telle autre lettre. Certains télégraphes impriment la dépêche en caractères de typographie ; d'autres ont un cadran où se meut une aiguille en s'arrêtant sur la lettre qu'il s'agit de transmettre ; d'autres encore reproduisent exactement l'écriture de la personne envoyant la dépêche.

4. Fils télégraphiques. — Des deux fils que nous avons admis, l'un allant de la pile à l'électro-aimant, l'autre revenant de l'électro-aimant à la pile, un seul est indispensable ; le second est supprimé, remplacé qu'il est par le sol, lui-même bon conducteur. Le fil restant est suspendu à des poteaux en bois. Comme ces poteaux deviennent bons conducteurs lorsqu'ils sont mouillés par la pluie, il faut que les fils télégraphiques ne les touchent pas, sinon le courant élec-

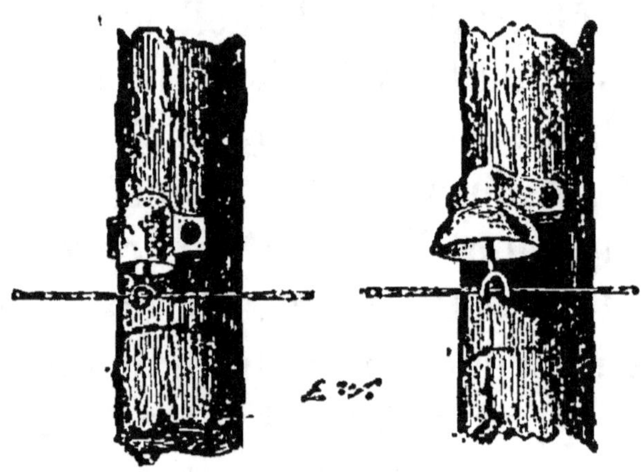

Fig. 58. — Fils de télégraphe électrique fixés au poteau.

trique qui les parcourt se dissiperait en route. Voilà pourquoi chacun d'eux est supporté par un crochet implanté au fond d'une petite cloche en porcelaine renversée et fixée au poteau. La porcelaine, conduisant mal l'électricité, empêche toute communication électrique entre le fil et le poteau.

5. Fils télégraphiques sous-marins. — La mer n'est pas un obstacle que la télégraphie électrique ne puisse fran-

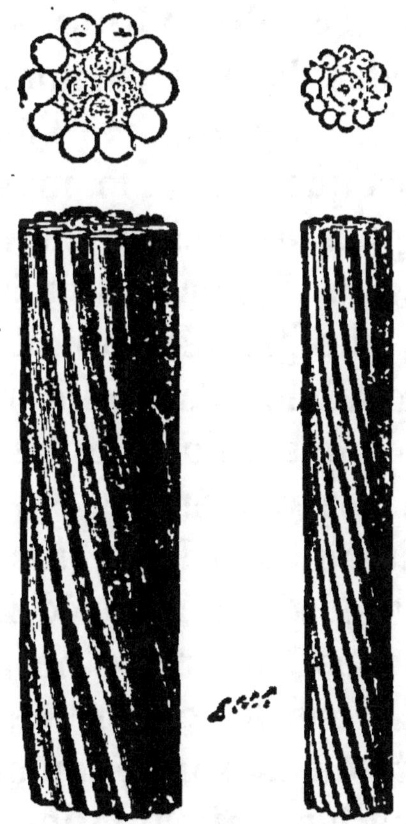

Fig. 59. — Câble pour télégraphe sous-marin.

chir. De nombreux câbles conducteurs gisent au fond des mers et des océans pour établir une communication d'un rivage à l'autre. Ils se composent d'un ou de

10.

plusieurs fils de cuivre recouverts séparément d'une enveloppe non conductrice. Le tout est protégé par un robuste revêtement de fils de fer tordus en câble.

6. Éclairage électrique. — L'électricité engendre le magnétisme, comme vient de nous l'apprendre l'électro-aimant ; réciproquement, le magnétisme peut développer de l'électricité. Concevons une série d'électro-aimants qui tourne avec une grande rapidité devant une série immobile d'aimants très puissants. Chaque fois qu'un de ces électro-aimants met ses extrémités en face des pôles d'un aimant, son fer à l'instant s'aimante : il se désaimante avec la même promptitude dès que cette position est abandonnée. Tous les électro-aimants de la série sont, de la sorte, soumis à une rapide alternative d'aimantation et de désaimantation. Eh bien, cette alternative suffit pour développer dans leur fil de cuivre un courant électrique que l'on peut utiliser ensuite de bien des manières. Si, par exemple, on fait arriver ce courant dans une mèche de matière charbonneuse, celle-ci devient incandescente et répand une vive lumière, comparable pour l'éclat et la blancheur à celle du soleil. On obtient de la sorte l'éclairage électrique. Un cours d'eau, un torrent, parfois à une grande distance de la ville à éclairer, met en mouvement des roues hydrauliques ; celles-ci font tourner les électro-aimants devant des aimants fixes ; des fils conducteurs pareils à ceux du télégraphe amènent le courant électrique, qui se ramifie comme l'on veut, et sans autre dépense est obtenu un éclairage merveilleux. Si le cours d'eau moteur fait défaut, on le remplace par une machine à vapeur.

7. Galvanoplastie. — Les dissolutions salines des métaux sont décomposées par le courant de la pile : le métal se rend sur le conducteur qui communique avec le pôle négatif, et les autres éléments de la combinaison saline se rendent sur le conducteur qui communique avec le pôle positif. La *galvanoplastie,* ou l'art du moulage par la pile, est basée sur cette propriété.

Soit, par exemple, à reproduire une médaille par la galvanoplastie. On suspend cette médaille au fil conducteur négatif d'une faible pile, et une lame de cuivre au fil positif ; puis on plonge la médaille et la lame côte à côte, et sans se toucher, dans un vase contenant une dissolution saline de cuivre. Aussitôt, sous l'influence de l'électricité qui traverse le liquide, le cuivre commence à se séparer de son dissolvant et se dépose sur la médaille, en une pellicule qui se moule, avec une exquise précision, dans tous les creux et sur tous les reliefs du dessin. Cette pellicule augmente peu à peu d'épaisseur et se trouve finalement assez épaisse pour être détachée tout d'une pièce. On obtient ainsi un moule en creux, que l'on substitue à la médaille pour recommencer l'opération. Le cuivre se dépose de nouveau, prenant cette fois la forme en relief.

8. Dorure et argenture. — Pour

recouvrir les objets en vulgaire métal d'une mince couche d'or et d'argent, on a recours à semblable moyen. Pour la dorure, par exemple, on suspend l'objet à dorer à l'extrémité du fil négatif d'une pile, et une lame d'or à l'extrémité du second fil. Enfin on plonge la lame d'or et l'objet dans un liquide tenant de l'or en dissolution.

QUESTIONNAIRE

1. Quelle est la vitesse de propagation de l'électricité dans un fil bon conducteur?

2. De quoi se compose essentiellement un télégraphe électrique? — Donnez une idée du fonctionnement de ce télégraphe.

3. Dites les principaux appareils télégraphiques.

4. Comment les fils télégraphiques sont-ils supportés?

5. En quoi consistent les câbles télégraphiques sous-marins?

6. Quelles sont les pièces essentielles d'un appareil à éclairage électrique?

7. Qu'est-ce que la galvanoplastie? — Comment faut-il s'y prendre pour reproduire une médaille?

8. Comment se pratiquent la dorure et l'argenture par la pile?

LE SON

CHAPITRE XX

ORIGINE DU SON. — ONDES SONORES.
VITESSE DE PROPAGATION.

1. Les ronds sur l'eau. — Sur une nappe d'eau tranquille, laissons tomber une pierre. Aussitôt, autour du point atteint, un rond se forme, puis deux, trois, quatre, cent, indéfiniment ; et tous, s'élargissant sans cesse, courent avec une régularité parfaite à la file l'un de l'autre, jusqu'à ce qu'ils se dissipent à une distance considérable du point de départ commun, si rien n'entrave leur propagation. Un peu d'attention suffit pour reconnaître que ces ronds, rangés avec ordre autour du point où la pierre a plongé, et fuyant de plus en plus grands, se composent alternativement d'une petite vague et d'un sillon circulaires. Un léger corps flottant, un brin de paille, peut rendre sensible cette petite tempête : chaque vague qui passe le soulève ; chaque sillon le fait redescendre. Remarquons, en outre, que, malgré la rapidité apparente des vagues qui devraient l'entraîner, le brin de paille ne change pas de place, preuve évidente que ces vagues ne courent pas réellement à la surface de l'eau, comme les apparences le feraient croire. Il s'effectue un simple mouvement de palpitation, c'est-à-dire qu'en chaque point l'eau se soulève et s'affaisse tour à tour sans se déplacer.

2. Le son. Ondes sonores. — Dans air, à la suite d'un ébranlement convenable, a lieu un mouvement de palpitation semblable à celui de l'eau. On ne voit pas, il est vrai, les vagues concentriques engendrées de la sorte, parce que l'air est invisible ; mais on les *entend*, car elles sont la cause du *son*. Aussi les appelle-t-on *ondes sonores*.

3. Le son ne se propage pas dans

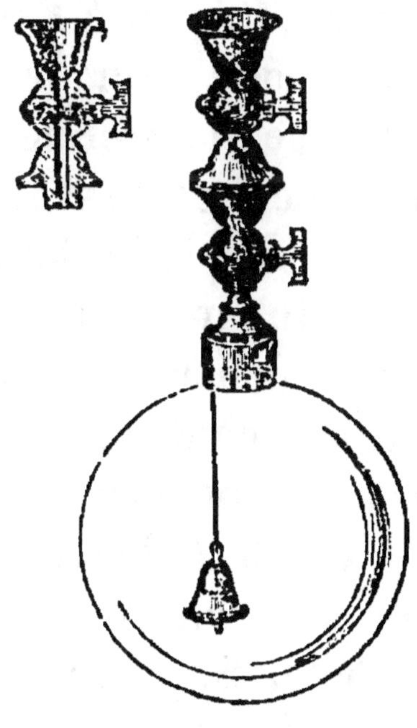

Fig. 60.

le vide. — En l'absence de l'eau, les ondes liquides seraient impossibles ; c'est de pleine évidence. En l'absence de l'air, les ondes sonores aériennes le seraient également. Sans l'atmosphère, le son n'existerait pas ; un morne silence régnerait éternellement sur la terre. L'expérience suivante le démontre.

Au centre d'un ballon en verre, une clochette est suspendue avec un fil. Quand on agite l'appareil, on entend très bien la clochette tinter. Mais si, à l'aide de la machine pneumatique, on retire l'air contenu dans le vase, le son devient impossible. A chaque secousse imprimée au ballon, on voit bien le battant frapper contre la clochette, mais on n'entend rien. Un complet silence s'est fait, parce que les pulsations sonores ne peuvent plus se former ; la clochette est devenue muette, parce qu'en l'absence de l'air il ne peut plus se produire d'ondes sonores autour d'elle. Si on laisse rentrer l'air dans le vase, le son renaît aussitôt.

4. Mouvement vibratoire des corps sonores. — Pour entrer dans ce mouvement de palpitation qui produit le son, l'air doit être évidemment ébranlé par le choc d'un corps, de même que l'eau, pour se couvrir d'ondes, doit être ébranlée par la chute d'une pierre. Et, en effet, tout corps, au moment où il engendre un son, est animé d'un mouvement rapide de va-et-vient, qu'on peut reconnaître dans une corde de violon qui résonne. Ces allées et venues rapides prennent le nom de *vibrations*.

Si, pendant qu'il résonne, on touche légèrement du doigt un corps sonore, on sent un vif frémissement, causé par les vibrations ; mais en appuyant davantage les vibrations sont arrêtées, et le corps ne résonne plus. Il suffit de faire tinter un verre pour s'assurer que le son a pour cause un mouvement vibratoire, car dès que le mouvement est étouffé par le contact de la main, le son se tait à l'instant.

5. Vitesse du son dans l'air. — Prêtons attention à la décharge d'une arme à feu, faite à une distance un peu considérable ; nous observerons qu'on aperçoit d'abord l'éclair et la fumée de l'explosion et que le bruit n'arrive qu'après, d'autant plus tard que le lieu de l'explosion est plus éloigné. La lumière se propage avec une vitesse prodigieuse, comparable à celle de l'électricité. Si le son n'arrive qu'après, c'est qu'il est beaucoup moins rapide dans sa marche, et que pour franchir une distance un peu forte il met un temps assez long, qui peut très bien se mesurer.

Supposons que dix secondes s'écoulent entre l'instant de l'apparition de l'éclair produit par l'arme à feu déchargée et l'arrivée du son. Mesurons alors la distance qui sépare le point où l'explosion a eu lieu du point où on l'a entendue. Nous trouverons 3,400 mètres. Par conséquent, en une seule seconde, le son parcourt dans l'air 340 mètres.

6. Propagation du son dans les corps autres que l'air. — Le son ne se propage pas seulement dans l'air, il se propage aussi dans toute substance matérielle, soit gazeuse, soit liquide, soit solide. Un plongeur entend sous l'eau les bruits produits sur le rivage ; les poissons entendent les pas d'un passant, puisqu'ils s'enfuient brusquement au fond de l'eau, même avant d'avoir aperçu la personne cause de leur frayeur.

En appliquant l'oreille à l'extrémité d'une longue poutre, nous entendons le bruit qu'une seconde personne produit à l'autre extrémité en grattant le bois avec une épingle ; et cependant ce bruit est si faible que la personne qui le produit l'entend à peine par l'intermédiaire de l'air. En appliquant l'oreille contre le sol, en entend les décharges lointaines de l'artillerie à des distances où le son n'arrive plus par la voie de l'air. Le son se propage donc plus facilement dans les corps solides et dans les corps liquides que dans l'air. Dans l'eau, il parcourt une distance de 1,435 mètres par seconde ; dans le fer, une distance de 3,570 mètres.

QUESTIONNAIRE

1. Que se passe-t-il dans une nappe d'eau tranquille que la chute d'une pierre vient à

ébranler ? — Les ondes liquides courent-elles réellement ?

2. D'où provient le son ? — Qu'appelle-t-on ondes sonores ?

3. Comment démontre-t-on que le son ne se propage pas dans le vide ?

4. Comment un corps sonore engendre-t-il le son ? — Citez quelques faciles expériences sur l'état vibratoire d'un corps sonore.

5. Combien de mètres par seconde parcourt le son dans l'air ? — De quelle manière a-t-on pu trouver ce nombre ?

6. Le son se propage-t-il dans les corps autres que l'air ? — Donnez quelques exemples.

CHAPITRE XXI

ÉCHO. — SONS AIGUS ET SONS GRAVES.
TÉLÉPHONE. — PHONOGRAPHE.

1. Écho. — Revenons encore sur les ondes provoquées à la surface d'une eau tranquille par la chute d'une pierre. Si la nappe d'eau est barrée par un mur, ainsi que dans un bassin, les ronds, en s'élargissant, atteignent cet obstacle. Arrivés là, ils rétrogradent, ils cheminent en sens inverse de leur première direction, sans altérer en rien la régularité de leur marche. Alors, en même temps, deux séries d'ondes courent à la surface de l'eau ; les unes s'acheminent vers le mur, les autres en reviennent ; et toutes ces ondes, allant et revenant, se croisent sans se troubler mutuellement, sans se confondre. On donne le nom d'*ondes réfléchies*, c'est-à-dire renvoyées, aux ondes qui reviennent en arrière après avoir atteint le mur.

Les ondes aériennes, cause du son, se réfléchissent aussi quand elles rencontrent un obstacle, comme un mur, un rocher, une colline ; et alors, outre le son direct donné par les ondes qui vont, il s'en produit ensuite un autre, nommé *écho,* par les ondes qui reviennent, par les ondes réfléchies à la surface de l'obstacle.

2. Sons graves et sons aigus. — Le corps sonore transmet son mouvement de va-et-vient à l'air environnant, et produit à chaque vibration une onde aérienne. Si les vibrations sont rapides, les ondes sont courtes, parce qu'elles ont très peu de temps pour se former ; si les vibrations sont lentes, les ondes, dont la formation embrasse un temps plus long, deviennent plus longues. L'ampleur des ondes détermine cette qualité qui fait dire d'un son qu'il est *aigu* ou *grave*. Plus les ondes sont longues, plus le son est grave ; plus elles sont courtes, plus le son est aigu.

Puisque la longueur des ondes dépend de la rapidité des vibrations, et que le degré d'élévation du son dépend à son tour de la longueur des ondes, on voit que le son sera d'autant plus aigu ou plus grave que le corps sonore vibrera plus vite ou plus lentement.

Le nombre de vibrations nécessaire pour produire un des sons auxquels notre oreille est le plus habituée, est beaucoup plus considérable qu'on ne pourrait se l'imaginer tout d'abord. Le son qu'on appelle le *la* du diapason et avec lequel on règle les instruments de musique correspond à 870 vibrations par seconde.

3. Téléphone. — Les ondes sonores peuvent, par leur choc, mettre en vibration de minces plaques, des membranes convenablement tendues. C'est ainsi que les carreaux de vitre frémissent et se cassent même parfois, par le fait d'un éclat de tonnerre ou de la détonation d'une pièce d'artillerie. Cette propriété rappelée, concevons une mince plaque, apte à vibrer par le choc des ondes sonores, placée devant la bouche d'une personne qui parle. Cette plaque est en rapport avec une pile et un fil métallique conducteur semblable à ceux du télégraphe électrique, qui se rend d'un quartier à l'autre dans une même ville, ou bien d'une ville à une seconde ville, si grande que soit la distance. Mise en mouvement sous l'impulsion des ondes qu'engendre la parole, elle établit ou interrompt tour à tour le courant dans le fil conducteur au moyen de son va-et-vient. A l'autre extrémité du fil est une plaque semblable, qui, mise en branle par les alternatives d'émission et d'interruption du courant, reproduit exactement les vibrations de la première. Ainsi se forme une série de sons répétant la parole de la personne qui parle à l'autre bout de la ligne. La voix est transmise avec tous ses caractères, timbre, inflexion, accent, syllabes rapides ou traînantes : rien n'y manque; si bien que l'ami reconnait l'ami lui parlant à des centaines de lieues de là, d'un bout de la France à l'autre. Ce merveilleux appareil, qui cueille, pour ainsi dire, la parole sur nos lèvres et la transporte à l'instant même à des distances énormes, se nomme *téléphone*.

4. Phonographe. — Non moins merveilleux est le *phonographe,* qui inscrit la parole, la conserve indéfiniment et la répète quand on veut, aussi souvent que l'on veut. Un cylindre tournant est tapissé d'une mince feuille malléable, par exemple d'une feuille d'étain. Un délicat stylet s'y applique, mu par une plaque vibrante devant laquelle on parle, et de sa pointe trace sur l'étain une série de sillons sinueux à mesure que le cylindre tourne. La parole est ainsi inscrite. Pour faire parler l'instrument, il suffit de remettre le cylindre en rotation. La pointe du stylet repasse par les sillons qu'il a tracés au début et communique ainsi à la plaque le même ordre de vibrations dont elle était animée sous l'influence de la parole. Les mêmes vibrations se répétant, les mêmes sons se reproduisent.

QUESTIONNAIRE

1. D'où provient l'écho?

2. Quelles ondes donnent les sons aigus et quelles ondes donnent les sons graves? — Combien faut-il de vibrations pour le *la* du diapason?

3. Qu'est-ce que le téléphone? — Donnez une idée de son mode d'action.

4. Qu'est-ce que le phonographe? — Expliquez son principe.

LA LUMIÈRE

CHAPITRE XXII

PROPAGATION DE LA LUMIÈRE. — RÉFLEXION. MIROIRS. — RÉFRACTION.

1. Sources lumineuses. — La lumière est ce qui rend les objets sensibles à la vue. Certains corps sont lumineux par eux-mêmes; ils sont visibles sans le secours d'une illumination venue d'ailleurs. On les nomme *sources lumineuses*. Le plus important pour nous de ces corps lumineux par eux-mêmes est le soleil. Dans la même catégorie se trouvent les étoiles, la flamme, le bois qui brûle, la lampe allumée, les métaux chauffés jusqu'à l'incandescence. Les autres corps ne sont visibles qu'autant qu'il reçoivent la lumière d'un corps lumineux par lui-même; ils forment l'immense majorité des corps terrestres.

2. Propagation de la lumière. — La lumière se propage en ligne droite.

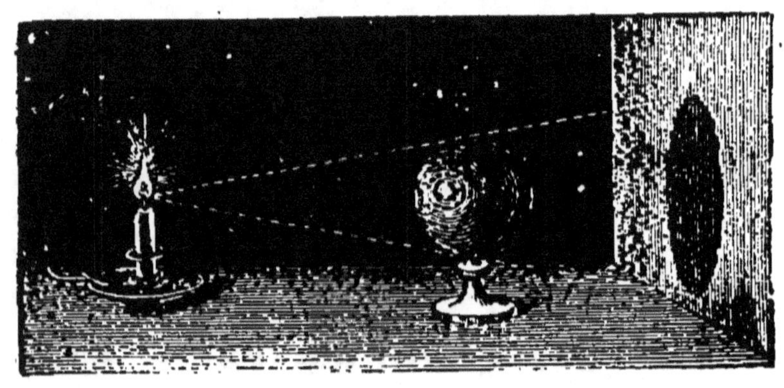

Fig. 61. — Ombre d'une sphère.

Chacun a remarqué, en effet, qu'un rayon de soleil, en pénétrant dans une chambre par un trou du volet, trace une bande parfaitement rectiligne, rendue visible par l'illumination des corpuscules de poussière flottant dans l'air. Pour nous venir du soleil, distant de 38 millions de lieues, la lumière met 8 minutes environ, ce qui porte à 78,841 lieues métriques la distance parcourue en une seconde.

3. Ombre. — Un corps *opaque* est celui que la lumière ne peut traverser; exemples : le bois, la pierre, les métaux. Un corps *transparent* est celui que la lumière traverse; exemples : l'air, l'eau, le verre. En arrière d'un corps opaque lui barrant le passage, la lumière ne peut pénétrer, et là se produit ce qu'on appelle l'*ombre*. L'ombre n'est donc pas une obscurité spéciale projetée par les corps; c'est tout simplement le manque de lumière en arrière des corps qui, par leur opacité, arrêtent les rayons lumineux.

4. Réflexion de la lumière. —Lorsqu'un rayon de lumière arrive à la surface d'un corps poli, il est renvoyé, *réfléchi*. Soit un point lumineux A (fig. 62) projetant de la lumière dans tous les sens. Considérons le faisceau de rayons qui arrive sur la surface plane et polie MN. Le rayon AB, après réflexion, prend la direction BC; le rayon AD prend la direction DH, etc. Or tous ces rayons réfléchis, BC, DH et les autres, tant qu'il y en a, sont dirigés de telle manière qu'étant idéalement prolongés en arrière de la surface réfléchissante, ils vont tous

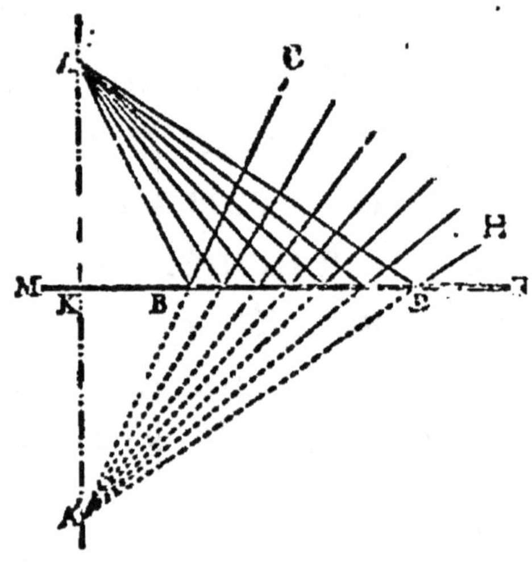

.Fig. 62. — Réflexion de la lumière.

concourir en un point A′ situé sur la perpendiculaire abaissée du point lumineux A sur la surface réfléchissante et prolongée d'une quantité A′K égale à AK. En d'autres termes, le point de concours A′ des rayons réfléchis idéalement prolongés est *symétrique* du point lumineux A. Remarquons en outre que le rayon qui arrive sur la surface MN et le rayon réfléchi correspondant font avec cette surface des angles égaux.

5. Illusion produite par la réflexion. — Ainsi, après réflexion, les rayons lumineux forment un faisceau disposé de la même manière que si son point de départ était réellement le point A'. La surface polie leur a fait changer de direction, et leur direction nouvelle est celle qu'ils auraient s'ils partaient en réalité du point A. Supposons maintenant un observateur dont la vue soit impressionnée par le faisceau de lumière réfléchi. En recevant dans ses yeux les rayons tels que BC, DH, cette personne sera dans les mêmes conditions que si elle était en face d'un point lumineux réel placé en A'; par une illusion résultant du changement de direction de la lumière, elle verra en A' un point lumineux qui, dans le fait, n'existe pas. Ce ne sera pas le point A, d'où vraiment ils partent, que les rayons réfléchis montreront, mais le point illusoire A′, d'où ils semble partir.

6. Miroirs. — Un miroir est une surface polie, apte à réfléchir la lumière. Les miroirs ordinaires sont plans et formés d'une lame de verre à l'arrière de laquelle est appliquée une pellicule métallique composée d'étain et de mercure. C'est sur cette couche métallique que se fait la réflexion. De tels miroirs nous montrent, d'après ce qui vient d'être exposé, une image illusoire placée en arrière dans une position symétrique.

7. Réfraction de la lumière. — Dans une même substance ou, comme on dit, dans un même *milieu,* la lumière se propage en ligne droite; mais si elle change de milieu elle change brusquement de direction.

Soient deux milieux différents séparés par la surface plane MM′ (fig. 63); au-dessus, de l'air; au-dessous, de l'eau, par exemple. Un rayon de lumière traverse l'air et arrive en B à la surface de l'eau. Là, au lieu de suivre sa direction première,

il se dévie brusquement, se coude et suit la
direction BC, qui fait avec la perpendiculaire NN', à la surface de séparation, un
angle CBN' moindre que l'angle primitif
ABN. Une déviation semblable survien-
drait si le rayon passait de l'eau dans le

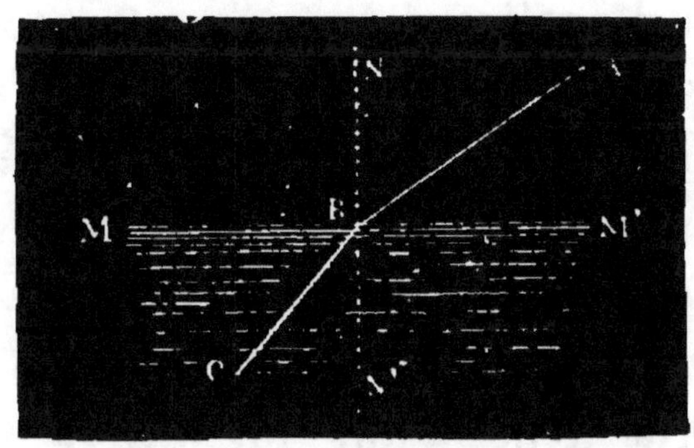

Fig. 63. — Réfraction de la lumière.

verre, et en général d'un milieu moins
dense dans un milieu plus dense; on ver-
vait toujours ce rayon se dévier à son
entrée dans le milieu plus dense et se
rapprocher de la perpendiculaire. D'où
cette première loi : *Quand un rayon lumineux passe d'un milieu moins dense dans
un milieu plus dense, il se dévie de sa pre-*

mière direction en se rapprochant de la perpendiculaire.

Supposons maintenant que, dans la figure 63, le rayon de lumière se propage de bas en haut, de l'eau dans l'air. Dans l'eau, il suit la direction C B; mais en pénétrant dans l'air il se détourne brusquement, s'écarte de la perpendiculaire et suit la direction BA.

En passant du verre dans l'eau, et en général d'un milieu plus dense dans un milieu moins dense, le rayon lumineux serait dévié d'une façon semblable. Donc : *Quand un rayon lumineux passe d'un milieu plus dense dans un milieu moins dense, il se dévie de sa direction première en s'éloignant de la perpendiculaire.*

On donne le nom de réfraction de la lumière à ce changement de direction que les rayons lumineux éprouvent en pénétrant obliquement d'un milieu dans un autre.

QUESTIONNAIRE

1. Qu'appelle-t-on sources lumineuses? — Comment se répartissent les corps sous le rapport de la lumière?

2. Comment se propage la lumière? — Combien de temps met la lumière pour nous venir du soleil?

3. Qu'est-ce que l'ombre?

4. Quelle direction suivent les rayons de lumière en se réfléchissant?

5. Quelle illusion produisent les rayons réfléchis?

6. Où se trouve l'image illusoire fournie par un miroir plan?

7. Qu'est-ce que la réfraction de la lumière? — Énoncez et expliquez les lois de la réfraction.

CHAPITRE XXIII

EXPÉRIENCES SUR LA RÉFRACTION. — LEN-
TILLES. — INSTRUMENTS D'OPTIQUE. —
COMPOSITION DE LA LUMIÈRE.

1. Expérience sur la réfraction de la lumière. — On met à terre un vase à parois non transparentes, une terrine, et, au fond, une pièce de monnaie. On se place alors de manière que la ligne visuelle, rasant le bord de la terrine, arrive juste à la pièce de monnaie. A partir de cette position, si l'on recule encore, mais fort peu, la pièce cesse d'être visible; elle est masquée par la paroi du vase. Mais si, en ce moment, une autre personne remplit d'eau la terrine, la pièce devient aussitôt visible, bien qu'elle n'ait pas changé de place, bien qu'elle soit réellement masquée par la paroi du vase.

Imaginons la droite AB (fig. 64) qui de la pièce aboutit au bord du vase; nous aurons ainsi la direction du dernier filet lumineux qui, venu de la pièce,

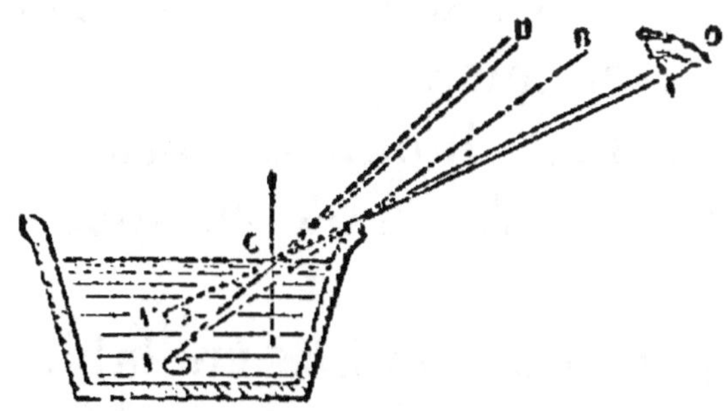

Fig. 64. — Expérience de la pièce de monnaie rendue visible par la présence de l'eau.

puisse sortir de la terrine avant l'introduction de l'eau, les autres rayons, au-dessous de AB, étant arrêtés par la paroi opaque. Alors, pour l'œil placé en O, la pièce de monnaie est invisible.

On met de l'eau dans le vase, et la pièce devient visible. Un filet de lumière, AC par exemple, qui, sans la présence du liquide, continuerait sa marche en ligne droite suivant CH, et passerait au-dessus de l'observateur, est dévié de sa direction au sortir de l'eau et s'éloigne de la perpendiculaire, parce qu'il va d'un milieu plus dense, l'eau, dans un autre qui l'est moins, l'air; il suit la direction CO et parvient ainsi à l'œil, pour lequel la pièce devient ainsi visible, non au point A où elle est réellement, mais à l'extrémité idéale du filet lumineux prolongé, au point illusoire A' d'où ce filet semble partir.

C'est pour des motifs semblables qu'un poisson vu obliquement dans l'eau ne paraît jamais à sa place réelle; que le lit d'une nappe d'eau paraît plus rapproché de la surface qu'il ne l'est réellement.

2. Le bâton qui paraît coudé. — En partie plongé dans l'eau, un bâton paraît coudé au point d'immersion et semble raccourci. Ce phénomène est encore dû à la réfraction de la lumière. Le filet lumineux AC (fig. 65) venant de l'extrémité du bâton se coude au sortir de l'eau, s'écarte de la perpendiculaire et prend la direction CO. L'œil, trompé par la réfraction, voit donc l'extrémité du bâton au sommet du filet de lumière idéalement prolongé, c'est-à-dire en A'. Les autres points de la partie AD éprouvent un déplacement illusoire pareil, et

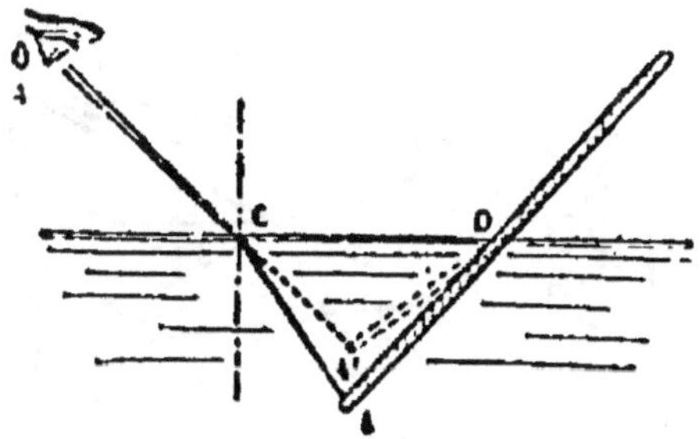

Fig. 65. — Expérience du bâton qui, plongé dans l'eau, paraît brisé.

le bâton nous apparaît de la sorte coudé en D et raccourci.

3. Lentilles. — On nomme *lentilles*, en physique, des morceaux de verre ayant deux faces tantôt bombées, tantôt creuses, polies avec soin. Si les surfaces sont bombées, la lentille est dite *convexe*; si les surfaces sont creuses, la lentille est dite *concave*. Les lentilles convexes sont les plus importantes.

4. Images données par les lentilles convexes. — Dans un lieu obscur, allumons une bougie. Présentons à la flamme, à une certaine distance, une lentille convexe, et en arrière du verre plaçons un écran de papier. Après quelques tâtonnements nous verrons alors se

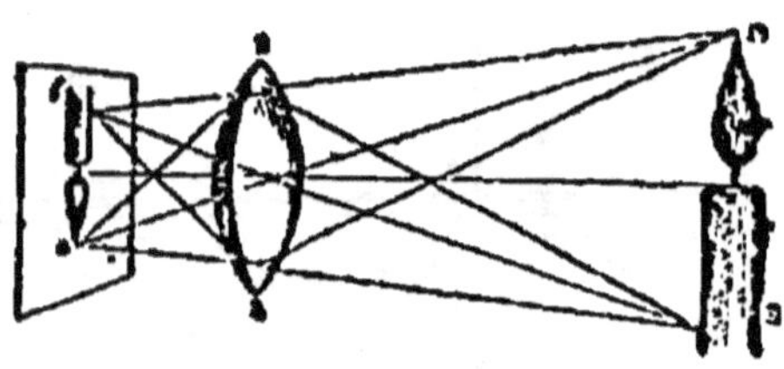

Fig. 66.

peindre sur le papier, avec une perfection admirable, une image de la bougie allumée. Cette image n'est pas illusoire, comme celle que donnent les miroirs plans : elle est *réelle;* elle forme comme une peinture sur le papier. Elle est très petite; et, chose bien plus singulière, elle est renversée; la flamme est en bas de l'écran, la bougie est en haut.

5. Photographie. — Ajoutons que

cette image n'est qu'un jeu de lumière ; le papier n'en conserve aucune trace quand il n'est plus sous la lentille. Mais si ce papier est imprégné de certaines substances chimiques très altérables par l'action de la lumière, il conserve l'image, non avec ses couleurs, mais en blanc et en noir. Ainsi s'obtiennent les *photographies* ou dessins opérés par la lumière.

6. Verres brûlants. — Présentons la lentille aux rayons directs du soleil. Il se formera en arrière, sur un écran convenablement placé, une image très petite du soleil, un point à la fois très lumineux et très chaud, où se concentrent en même temps et la chaleur et la lumière solaires. Ce point peut mettre le feu à des matières combustibles, par exemple à de l'amadou ; aussi, dans ces conditions, la lentille prend-elle le nom vulgaire de *verre brûlant*.

7. Cause de la formation de l'image. — Revenons à la lentille placée devant la bougie et tâchons de nous rendre compte de l'image formée. Les rayons lumineux émanés du point A de la bougie (fig. 66) sont déviés de leur direction en pénètrant dans la lentille, parce qu'ils passent d'un milieu moins dense, l'air, dans un milieu plus dense, le verre. En sortant de la lentille, ils sont déviés une seconde fois ; et après cette double déviation, cette double réfraction, tous les rayons issus de A et reçus par la lentille viennent se rassembler en un seul point de l'écran de papier, au point a. En ce point de concours se peint l'image du point A. Pareillement, les rayons issus de B, deux fois coudés, en entrant dans la lentille et en en ressortant, se rassemblent en b et y forment l'image du point B. Ainsi de suite pour les autres points de l'objet lumineux. De la sorte se forme une image réelle, plus petite que l'objet et toujours renversée.

Avec d'autres positions convenablement choisies pour l'écran et l'objet par rapport à la lentille, celle-ci donnerait une image réelle plus grande que l'objet et toujours renversée.

8. Instruments d'optique. — Regardé à travers une lentille, un objet nous apparaît plus grand, ce qui fait donner, dans ces conditions, à la lentille le nom de *verre grossissant*. On l'appelle aussi *loupe*. On l'emploie pour voir dans leurs détails les objets très petits. A l'inverse de ce que nous pourrions attendre, le pouvoir grossissant d'une loupe est d'autant plus considérable que ses dimensions sont moindres.

Si la loupe est insuffisante, on fait usage du *microscope*, qui grossit bien davantage. Cet instrument se compose principalement de deux lentilles, l'une tournée vers l'objet et nommée *objectif*, l'autre tournée vers l'œil de l'observateur et nommée *oculaire*. L'objectif donne dans le tube microscopique une image réelle et amplifiée de l'objet examiné; l'oculaire grossit encore cette image comme le fait une simple loupe employée à regarder directement, non plus une image lumineuse, mais un objet réel. De cette double amplification résulte un grossissement merveilleux, qui nous permet de voir avec netteté les plus petits objets.

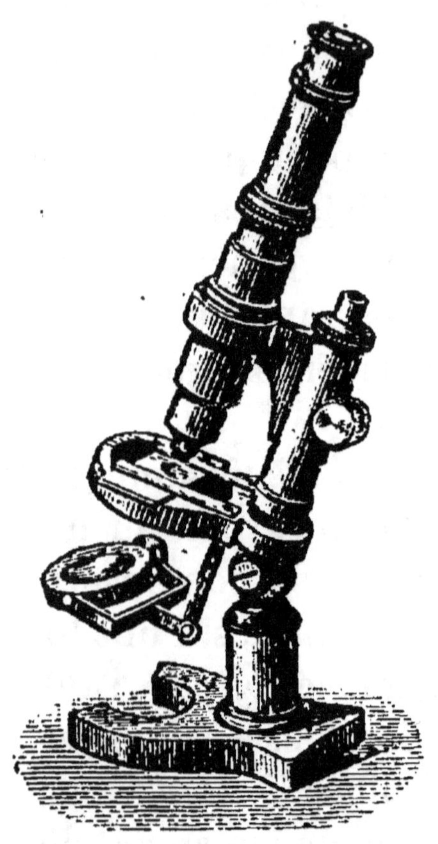

Fig. 67. — Le microscope.

La lunette d'approche ou *lunette ter-restre* rapproche en quelque sorte les objets terrestres trop éloignés pour la vision distincte et les met à la portée de notre vue. Deux principales lentilles la composent : l'objectif donne une image réelle de l'objet, mais plus petite à cause de la distance, et l'oculaire, faisant fonction de loupe, grossit cette image.

Le *télescope*, destiné à l'examen de corps plus éloignés encore, les divers astres dont le ciel est peuplé, est construit, à peu de chose près, comme la lunette terrestre.

9. Composition de la lumière blanche. — La lumière blanche, celle que nous envoie le soleil, est composée de rayons différemment colorés. Sept couleurs principales y sont à distinguer, savoir : *violet, indigo, bleu, vert, jaune, orangé, rouge.* Réunies, les sept colorations lumineuses donnent le blanc. Pour décomposer la lumière en ses rayons élémentaires, on fait usage d'un *prisme*, c'est-à-dire d'un morceau de verre taillé en forme de coin. En traversant le prisme, les rayons différemment colorés se séparent et dessinent sur un écran de papier une bande lumineuse nommée *spectre,* où se voient les sept couleurs que nous venons de mentionner.

C'est à pareille décomposition de la lumière qu'est due la brillante coloration de la flamme d'une lampe vue à travers un morceau de verre taillé à facettes, par exemple le bouton en cristal d'une carafe. De la même décomposition résulte l'*arc-en-ciel*. Lorsque les rayons du soleil arrivent sur des gouttes de pluie tombant devant nous, à distance, ils s'y décomposent par des réfractions et des réflexions multiples et reviennent vers nous en produisant l'apparence d'un arc énorme où brillent les sept splendides colorations du spectre. Pour voir l'arc-en-ciel, il faut avoir devant soi un rideau nuageux se résolvant en pluie, et derrière soi le soleil.

QUESTIONNAIRE

1. Par quelle expérience peut-on constater la réfraction de la lumière ?

2. Expliquez pourquoi un bâton en partie plongé dans l'eau paraît coudé et raccourci.

3. En quoi consiste une lentille ?

4. Comment faut-il s'y prendre pour obtenir une image réelle avec une lentille ?

5. Sur quel principe est basée la photographie ?

6. Pourquoi appelle-t-on les lentilles verres brûlants ?

7. Expliquez comment une lentille peut donner une image réelle.

8. Qu'est-ce que la loupe ? — De quoi se composent essentiellement un microscope, une lunette terrestre, un télescope ?

9. De quels rayons élémentaires se compose la lumière blanche ? — Comment décompose-t-on la lumière ? — D'où provient l'arc-en-ciel ?

FIN

TABLE DES MATIÈRES

SOCIÉTÉ ANONYME D'IMPRIMERIE DE VILLEFRANCHE-DE-ROUERGUE.
Jules Bardoux, Directeur.